Harvard
Intelligence
Quotient

哈佛小天才 IQ智商课

李大伟◇主编

长江出版传媒 | 湖北教育出版社

（鄂）新登字02号
图书在版编目（CIP）数据
哈佛小天才IQ智商课 / 李大伟主编.
— 武汉:湖北教育出版社, 2012.8
（哈佛小天才）
ISBN 978-7-5351-7922-7

Ⅰ. ① 哈…
Ⅱ. ① 李…
Ⅲ. ① 智商 - 少年读物
Ⅳ. ① B841.7-49

中国版本图书馆CIP数据核字（2012）第172648号

哈佛小天才IQ智商课

出 版 人	方 平
责任编辑	刘书慧
封面设计	思想工社
出版发行	长江出版传媒 430070 武汉市雄楚大街268号 湖北教育出版社 430015 武汉市青年路277号
经 销	新 华 书 店
网 址	http://www.hbedup.com
印 刷	华睿林（天津）印刷有限公司
地 址	天津市宁河区潘庄工业区
开 本	710mm × 1000mm 1/16
印 张	11.5
字 数	150 千字
版 次	2012年9月第1版
印 次	2020年1月第6次印刷
书 号	ISBN 978-7-5351-7922-7
定 价	36.00元

哈佛大学的黄万盛教授讲过这样一个真实的故事：

一位华籍学生参加美国高考，考了满分，于是他满怀信心地申请了五个志愿，都是美国顶尖的大学，包括哈佛、麻省理工学院等。但是，最后这五所大学没有一所录取他。

作为闻名于世的学府，哈佛大学培养出了许许多多的名人，他们中有40多位诺贝尔奖得主、30多位普利策奖得主，以及8位美国总统，还有一大批各行各业的社会精英。那么，哈佛大学为什么会拒绝这位学业优异的学生呢？哈佛给出的理由是：这名学生虽然考试成绩出众，却没有任何社会工作的经验，他的社会能力一栏的成绩为零分。

在这个故事中，哈佛大学与众不同的教育理念可见一斑。正如哈佛大学招办主任菲茨西蒙斯先生在“哈佛中美学生领袖峰会”上说的那样：“哈佛通常并不把录取决定仅仅基于分数上。学生的综合素质如何，未来有没有潜力，这些才是教授们所关心的。”简而言之，哈佛教育的一大核心理念就是：让每个学生都能学会创造自己的卓越人生。

一个人的综合素质如何，有没有天赋，有没有潜力，往往体现在EQ（情商）、IQ（智商）、LQ（学商）、MQ（德商）这4个方面，这恰恰正是哈佛教育最关注的。

1. EQ，是Emotional Quotient的缩写，意为情绪商数，简称情商。情商主要是指人在情绪、情感、意志、耐受挫折等方面的品质，它是衡量一个人各种能力水平的标准。哈佛大学教授、著名心理学家丹尼尔·戈尔曼有句至理名言：成功=20%的智商+80%的情商。

2. IQ，是Intelligence Quotient的缩写，意为智力商数，简称智商。它是检测一个人聪明与否的评价标准，是人们认识客观事物并运用知识解决实际问题的能力。孩子的智商，关乎到他能否具备立足社会的基本能力。

3. LQ，是Learning Quotient的缩写，意为学习商数，简称学商。学商是一个人学习和研究能力的素质描述，是学生成才不可或缺的基本素质。智商高的人在学习力方面有先天的优势，而学商的高低则直接决定着后天的智力开发程度。

4. MQ，是Moral Quotient的缩写，意为品德商数，简称德商。德商是指一个人的德行水平和道德人格品质，包括正直、诚信、仁爱、感恩、宽容、责任等各种美德，它是测定人的道德素养的一种指标。因此，一个人要想获得认可与尊重，除了智商与情商的培养，更要注重德商的锤炼。

“哈佛小天才”系列丛书将为大家全面呈现哈佛大学的思想精华与教育智慧，丛书共四册，分别是《哈佛小天才EQ情商课》、《哈佛小天才IQ智商课》、《哈佛小天才LQ学商课》和《哈佛小天才MQ德商课》，从情、智、学、德四个方面入手，为读者精选出了240个在欧美社会流传了百余年、惠及了无数成功人士的经典故事，这些故事既生动有趣、精彩纷呈，又包含着丰富的人生哲理和教育内蕴，非常适合优秀家长和成长中的孩子反复阅读和思索揣摩。

哈佛教育的成功之处，不在于培养出了8位总统和40多位诺贝尔奖得主，而在于让接受这种教育的每一个孩子的人生更加成功。我们相信，这套充满“哈佛智慧”的丛书能够使中国家长充分体验欧美优质教育的精髓所在，从而顺利地帮助孩子点亮智慧之光、塑造健全人格、激发人生潜能，一步一步成为未来社会的精英。

PART I 挂在树上的金链子

→观察力是智慧的营养液，让你的思维之树开满鲜花。

01 / 羊皮与盐屑
——透过现象看到本质 / 002

02 / 奇特的宝石
——从另一个角度看事物 / 005

03 / 马蹄印里的知识
——从细微处发掘事情真相 / 008

04 / 聪明人的眼光
——发现需要勇气和智慧 / 010

05 / 挂在树上的金链子
——不要被表面现象所迷惑 / 013

06 / 打开你心中的那扇门
——善于发现隐藏的细节 / 015

07 / 发现财富的眼睛
——学会在观察中思考 / 017

08 / 为国王画像
——具体问题要具体分析 / 020

PART II 竖起来的鸡蛋

→应变力是智慧的发动机，托起你飞翔的翅膀。

09 / 华盛顿找马
——巧妙运用心理定势 / 024

10 / 拿破仑开枪救人
——恰当运用逆反思维 / 026

11 / 卓别林智斗劫匪
——主动示弱是一种智慧 / 029

12 / 懂得自救的驴子
——对环境变化迅速做出反应 / 032

13 / 竖起来的鸡蛋

——敢于打破定势思维 / 034

14 / 救命的一泡尿

——用理智冷静地做出判断 / 037

15 / 消防车警笛寻人

——打破常规解决问题 / 040

16 / 老师心中的大事

——做事情一定要分清主次 / 043

PART Ⅲ 放满棋盘的麦粒

→ 数学能力是思维的体操，帮助你造就智慧的人生。

17 / 无理数与谋杀案

——真理不可能永远被掩盖 / 046

18 / 一道题难倒三个人

——运用发散思维开阔思路 / 049

19 / 巧测金字塔的高度

——学会理论联系实际 / 052

20 / 放满棋盘的麦粒

——学会用理性思维分析问题 / 055

21 / 巧用圆周率破案

——运用联想思维解决问题 / 058

22 / 两千元建成的百货大楼

——把复杂的大问题化整为零 / 061

23 / 欧拉和爸爸的羊圈

——用数学眼光观察生活 / 063

24 / 高斯巧解数学题

——敢于打破陈旧的思维方式 / 066

PART IV 失踪的锡制纽扣

→分析推理能力是思维的金钥匙，为你开启智慧之门。

25 / 寻找遗失的怀表

——找准方法是解决问题的关键 / 070

26 / 能分辨颜色的手

——用科学的眼光分析日常生活现象 / 073

27 / 路边树上的野果

——解决问题的前提是分析问题 / 076

28 / 失踪的锡制纽扣

——透过表象分析事物内在本质 / 079

29 / 林肯请月光作证

——掌握关键事实，巧妙利用对方弱点 / 082

30 / 一把钥匙开十把锁

——从整体上考虑并分析问题 / 085

31 / 黄沙路上的车胎痕迹

——懂得运用对比分析的方法 / 088

32 / 缺页上面的秘密

——善于从小处看出大问题 / 090

PART V 下蛋的公鸡和生孩子的男人

→语言表达是人际交往的纽带，帮助你架起沟通的桥梁。

33 / 带着两个大人的孩子

——打破思维定势，换个角度思考 / 094

34 / 没有证据的官司

——准确地捕捉住听众的心理 / 097

35 / 死里逃生的囚徒

——从多角度分析思考问题 / 100

36 / 美国总统中圈套

——找对合适的话题 / 103

37 / 下蛋的公鸡和生孩子的男人

——学会运用类比的方法 / 105

38 / 我知道是谁干的

——说话的方式要因人而异 / 108

39 / 士兵与将军竞选议员

——用心说话才能打动人心 / 110

PART VI 会说外语的老鼠

→ 学习能力是知识的储备库，帮助你积累创造未来的资本。

40 / 被饿死的鹰和被剥皮的马

——理论学习必须和实践紧密结合 / 114

41 / 渔王的儿子

——汲取教训也是学习 / 117

42 / 不着急做生意的商人

——拥有不断学习的能力 / 120

43 / 被人嘲笑的驴子

——求知没有年龄的界限 / 122

44 / 会说外语的老鼠

——让自己拥有一技之长 / 125

45 / “偷懒”的师傅

——生活本身就是学习 / 127

46 / 补鞋底只能用四颗钉子

——要结合实际勇于创新 / 130

PART VII

将脑袋打开一毫米

→注意力是心灵的天窗，让智慧的阳光撒满你的心田。

47 / 站在炮管下的士兵

——司空见惯的事未必合理 / 134

48 / 获胜的球队

——把注意力集中在目标上 / 137

49 / 一个马掌钉和一个国家

——小疏忽将会引起大问题 / 139

50 / “懒汉”的土豆哲学

——注意生活中的细节 / 142

51 / 将脑袋打开一毫米

——留心细节，抓住机遇 / 144

52 / 晒太阳的小花猫

——学会注意细节之处 / 147

53 / 坠毁的宇宙飞船

——优秀体现在细微之处 / 150

PART VIII

养在瓶子里的鹅

→想象和创新能力是思维的双翼，让你在智慧的天空翱翔。

54 / 藏在苹果里的星星

——从多方位去考虑事情 / 154

55 / 从裙子到瓶子

——学会运用类比联想 / 157

56 / 一张流泪的讨债单

——做与众不同的自己 / 160

57 / 旧金山的金门大桥

——学会突破惯性思维 / 163

58 / 养在瓶子里的鹅

——学会质疑，不要盲从 / 166

59 / 买白鼠的账单

——善于适时地另辟蹊径 / 169

60 / 靠近鱼雷的军舰

——让思维稍微转个弯 / 171

PART I

挂在树上的金链子

观察力是智慧的营养液，让你的思维之树开满鲜花。

羊皮与盐屑

透过现象看到本质

一天，有个卖盐的盐贩子，背着一口袋盐到附近的镇上去卖，半路上遇到一个卖柴的樵夫，两个人一起走了一段路后，在一棵大树下休息。

过了一阵子，当他们站起来准备赶路时，却为铺在地上的一张羊皮争执起来，各自说这是自己垫背的东西，最后竟打了起来。

后来，在一位路人的劝导下，他们把官司打到了法官那里。法官就让他们把事情的前因后果讲讲。

樵夫抢着说："这羊皮是我的，我进山砍柴时总要披着它取暖，背柴的时候总拿它垫在肩上。"

盐贩子也嚷道："你好不知羞！竟要把我的东西说成是你的！我带着它走南闯北贩盐，用了五年了。"

两个人都讲得头头是道，有鼻子有眼的，一时也分不出谁说的是真话，谁说的是谎话。

法官说："看样子只能拷打这张羊皮，让它自己说出主人是谁了。"

旁观的人、樵夫和盐贩子都很奇怪："羊皮怎么能说出自己的主人是谁呢？"

接着，法官吩咐旁观的一个人说："把羊皮放在席子上，你狠狠地打它四十下！"

四十下打过之后，法官上前拎起羊皮看了看，说："它果真吃不住打，已经招供了，说盐贩子是它的主人。"接着又喝道："大胆樵夫，你还不认罪吗？"

樵夫红着脸说："大人，羊皮没有说话招供呀！"

法官指着散落在席子上的盐屑说："你自己看看吧。"

樵夫知道无法再蒙骗了，只好认罪了。

哈佛IQ一点通

这位聪明的法官经过仔细观察，认真思考，最终准确地找出了羊皮的主人。这件事告诉我们：智慧来自广泛的学习和对生活的细心观察，只要对现实生活多思考，多观察，再加上严谨的逻辑推理，就能透过现象看到本质，发现事物的发展规律，找到解决问题的办法。

☆ 名师谈写作 ☆

"叙述＋语言"式对话描写→

本文成功地运用了"叙述＋语言"式对话描写，不仅使文章的语言生动活泼，也使文章显得更加自然、紧凑。例如，樵夫抢着说："这羊皮是我的……"盐贩子也嚷道："你好不知羞！……"生动地刻画出了人物的不同形象，增强了故事的趣味性和可读性。

奇特的宝石

从另一个角度看事物

汤姆斯的朋友费恩是一位珠宝商人，他每天都会接待很多顾客。

一次，汤姆斯一个人去看望费恩时，说："老朋友，可不可以带我欣赏一下你的珠宝？"

费恩很爽快地答应了汤姆斯的请求，把他带到了一个仓库，领着他一起参观自己的珠宝。

只见箱子里装满了上等金刚石以及其他宝石，但是，在这些宝石中，有一块显得暗淡无光，一点美感也没有。

于是，汤姆斯指着这块宝石说道："费恩，它一点美感也没有！"

"是吗？"费恩问道。

费恩把宝石从箱子里取了出来，紧紧地捏在手里。过了一会儿，当他摊开手时，只见这块宝石发出了美丽的七彩光。

汤姆斯立刻被这美丽的七彩光吸引住了，禁不住问道："老朋友，你给它施加了什么法力？"

费恩面带微笑，耐心地向他解释："这是一块蛋白石，我们称它为感应性的宝石。只要人用手捏紧它，不用多久，它就会显现出那奇妙的美丽。"

哈佛IQ一点通

罗丹曾说过，“生活中不是缺少美，而是缺少发现美的眼睛”。生活中的美充斥在各个角落，我们生活中的很多人或事，他们的美丽是隐藏在内部或背面的，这就需要我们有一双善于观察和发现的眼睛，从另一个角度看事物，去发掘和领悟他们的美丽。

☆ 名师谈写作 ☆

写记叙文最简单 →

什么是记叙文呢？就像本则故事一样，以叙述、描写为主，先介绍了汤姆斯到好友费恩家里欣赏珠宝的过程，再通过议论、说明的方式，来点明主题：在生活中要学会观察与发掘。希望大家从基础做起，多用记叙文的方式培养写作能力。

马蹄印里的知识

从细微处发掘事情真相

以前，有一个叫汉斯的少年，经常陪着他的爷爷在马路上散步。

一天，他们又沿着马路散步时，有一个人骑着马呼啸而过，沙地上留下了深深的马蹄印。

爷爷决定考考孙子，于是，指着沙地上的马蹄印问孙子："你读了几年书，也学了不少知识，那你告诉我，这匹马的蹄印里写了些什么？"

汉斯弯下腰盯着马蹄印看了看，回答说："爷爷，蹄印里一个字也没有啊!"

爷爷说："里面是写了东西的，你必须得读懂它。"

汉斯蹲下来又仔细地瞧了一会儿后说："可是我什么也看不出来啊？"

爷爷接着说："如果你再看得仔细些，就可以看出，刚刚过去的这匹马的右后蹄的蹄掌已经掉了三个钉子，如果这样进城，就会失落蹄铁而受伤。孩子，你懂吗？世上有很多记载是不用文字的，你要学会阅读这些才行。"

哈佛IQ一点通

书本并不能记载所有的知识，生活就像一本无字的书，往往蕴涵着无穷无尽的知识。一个人要想有所作为、有所成就，光靠书本上得来的知识是不够的，还需要具备细致的观察能力和缜密的分析推理能力，细心观察、勤于思考，从生活的细微处发掘事情真相，探索其中的奥秘，这样你才能拓宽知识面，掌握更多的技能。

☆ 名师谈写作 ☆

路边的"线索"→

全文以马匹留下的"马蹄印"作为线索展开。从马匹在路边留下蹄印开始，到爷爷决定考考孙子，最后爷爷教导孙子。由此可见，写作文时如果以事件的发展为线索，根据事情的开始、经过、结果去写作，会使得整个故事线索清晰明朗。

聪明人的眼光

发现需要勇气和智慧

有一天，美国第16任总统林肯来到华盛顿的大街上，身后跟随着几个穿着便装的卫兵。当时还没有电视等先进媒体的传播，他只要稍加装扮就不会被人认出来。于是，他在街上很舒心地逛了好一阵子。

忽然，他看到在一家名为《智慧》的杂志社门前围了一大群人，于是他也好奇地凑了过去。结果发现，华丽的墙壁上竟被钻了一个小洞，洞旁写着几个醒目的大字："不许向里看！"但好奇心还是驱使着人们争先恐后地向里观望。林肯也顺着小洞向里看，原来里面是用五彩缤纷的霓虹灯组成的《智慧》杂志的广告画面。

林肯大笑起来，觉得这家杂志社很有创意，于是就吩咐秘书为自己订了一份。

这天，林肯处理完当天的公务，顺手拿起一本新到的《智慧》杂志翻阅起来，他突然发现，杂志的中间几页没有裁开。林肯心想：“这是一份风行全国的杂志，在管理方面应该是十分严格的，按常理绝不会出现这种连页的现象。”他由此联想到杂志社在墙壁小洞上做广告的事，难道这里面又有什么新花样？

于是，林肯用小刀小心翼翼地裁开了杂志的连页，裁开之后，他发现连页中的一节内容被纸糊住了。林肯心想：“被糊住的地方大概是印错了，但印错的内容又是什么呢？”林肯又用小刀一点点地撬起了糊着的纸。

最后，他发现下面竟写着这样几行字：

恭喜您！您用您的好奇心和接受新事物的能力获得了本刊1万美元的奖金，请将杂志退还本刊，我们将负责调换并给您寄去奖金。

《智慧》编辑部

林肯对编辑部这种启发读者智慧和好奇心的做法极其欣赏，便提笔写了一封信。不久，林肯便接到了新调换的杂志和编辑部的一封回信：“总统先生，在我们这次故意印错的300本杂志中，只有8个人从中获得了奖金，绝大多数人都采取了将杂志寄回杂志社调换的做法，看来您的确是位真正的智者。根据您来信的建议，我们决定将杂志改名。”

这本改名后的杂志，就是至今风靡世界的《读者文摘》。

「哈佛IQ一点通」

生活中处处充满着机遇，但成功只属于那些有眼光、有胆识、善于抓住机遇的人！一个成功的人，之所以成功，就是因为他拥有一双慧眼，从不被事物的表象所蒙蔽；而那些拥有慧眼的人，往往具有发现机遇、抓住机遇的勇气和智慧。因此，我们要积极主动地去观察、发现、捕捉，那样才不会放走身边的每一个机遇。

☆ 名师谈写作 ☆

把握记叙文的六要素→

常见的记叙文中包含六要素：时间、地点、人物，以及事件的起因、经过、结果。例如本文——时间：有一天。地点：《智慧》杂志社。人物：林肯。事件起因：杂志社的广告吸引了林肯，林肯订了他们的杂志。经过：林肯的聪慧发现了杂志社的活动的秘密，并参与其中。结果：杂志社改名并风靡世界。在写作的过程中，把握记叙文最基本的六个要素，可以使我们的文章有更明确的思路和完整的结构。

挂在树上的金链子

不要被表面现象所迷惑

有一个叫布莱恩的年轻人，一天吃完晚饭后，在一口水池边散步。

忽然，他看见月光下的水池中，有 条金链子。于是，他脱掉鞋子，轻轻地下到水中，慢慢地捏着泥土寻觅，可是，不管怎么摸，他都无法找到那条金链子。

当他爬上岸坐着休息时，在慢慢变得清澈的水池中，又看见了那条金链子。于是，他再次跳到水中寻找，结果和上次一样，仍然是一无所获。

于是，布莱恩又爬上岸来，失望地坐在水池边，对着池中的金链子发呆。

这时，他的父亲走了过来，看到他在发呆，就问：“布莱恩，你待在那里做什么？”

“您看，父亲，明明水底有一条金链子，”布莱恩指着水池说，“可是我两次下水去寻找，捏遍了水池中的泥土都没有寻到。”

父亲看了看水底的金链子，断定那只是它的影子，金链子可能在树上。于是，他说：“儿子，你不如到树上去看看，说不定在那里就能够找到金链子了。”

布莱恩听后，恍然大悟，果然在树上找到了一条金链子。

哈佛IQ一点通

金子在树上，影子在水里。这个故事告诉我们：看问题要抓住本质，而不要被表面现象所迷惑。。

☆ 名师谈写作 ☆

细心感受生活 →

同学们有没有在上学路上抚摸过大树的枝干？有没有在学校的足球场上细数过小花儿的骨朵儿？其实，写作文是需要我们平时的观察的，不能凭空捏造。例如，要从水中捞起一样东西会是什么感觉呢？本文中：“布莱恩脱掉鞋子，轻轻地下到水中，慢慢地在泥土中，摸索，寻觅……”只有这样真凭实感的阐述，才会让我们的作文显得真实、生动。

打开你心中的那扇门

善于发现隐藏的细节

古时候，有一个国王想委任一名官员担任一项重要职务，于是就召集了朝中那些聪明机智和文武双全的官员，想看他们谁能胜任。

国王说："我有个问题，想看看谁能解决它。"于是，国王领着这些人来到一扇大门前，这是一扇谁也没有见过的巨大的门，"你们看到的这扇门，不但是最大的，而且是最重的，迄今为止还没有人能打开它。你们之中有谁能把它打开呢？"

许多大臣见到大门后，都摇头摆手地表示自己打不开，有的走近看看，有的则无动于衷。

只有一位大臣走到大门外，用眼睛和手仔细检查，然后又尝试着各种方法。最后，他抓住大门上一条沉重的链子一拉，这扇巨大的门竟然开了。

国王说："你将要在朝廷中担任要职！"

其实，大门并没有完全关死，那一条细小的缝隙就隐藏在严密的假象中，任何人只要仔细观察，再加上有胆量去试一下，就能打开它。

哈佛IQ一点通

成功源于发现细节。在现实生活中，我们不要局限于自己所看到的、所听到的表面现象，而要善于发现隐藏的细节，在相同中找到不同，在寻常中找到非常，用心分析，巧加利用，从而使自己走向成功。

☆ 名师谈写作 ☆

作文最后的升华 →

让我们来仔细地回顾一下这则故事，前五个段落讲述了国王选拔官员的事情，最后一个段落告诉了我们一个道理：要发现细节并且敢于尝试。通常，这种先讲故事再说道理的写作形式，我们称它为先叙后议。这种写作方式的好处很明显，那就是凝练主题、升华全文。

发现财富的眼睛

学会在观察中思考

有一年夏天，一个名叫吉田正夫的日本小商人到菲律宾度假，和夫人一起在海滩散步时，看到一群孩子正在海滩的石头缝中寻找东西，于是就好奇地走上前去观看。

只见孩子们从石头缝中挖出了一些小虾。这些小虾很奇特：它们都是成双成对的紧紧地抱在一起，即使把它们从石头缝中提出来，也无法将它们分开。吉田正夫再仔细一看，原来它们的身体已经紧紧地连在一起。

吉田正夫十分好奇："这些小虾怎么会长成这样呢？"于是，他就向旁边的一位渔民请教。

渔民说："这些虾原来生活在海洋里，在它们还很小的时候就被海浪冲进了海滩上的石缝中，海潮退去之

后，这些小虾被留了下来，在石缝中渐渐长大，以至于雌雄连体，再也无法分开了。”

渔民还告诉他说：“由于这种虾太小，食用价值低，渔民一般都不捉它，只有小孩子才会把它们捉来扔进虾缸里养着玩，也有外地来的游客会带走一些作为纪念。”

吉田正夫看着这些神奇的小虾，只见它们通体透明、温柔可爱，成双成对地紧紧拥抱在一起，十分像一对对坚贞不渝的情侣。这个一闪而过的联想，使吉田正夫的眼前为之一亮——他看到了其中蕴涵的巨大商机。

回到日本后，吉田正夫立刻筹办了一家结婚礼品店，专卖这种经过巧妙加工和精心装饰的小虾。吉田正夫还给它们取了美丽的名字叫“偕老同穴”，并且，在

礼品盒上讲述了这种小虾从一而终，白头到老，至死不渝的经历。

一时间，这种小虾成为东京市场上最畅销的一种结婚礼品。吉田正夫也因此声名大振，成为人人仰慕的商业巨子。

哈佛IQ一点通

观察是思考的起点，思考是智慧的源泉。在我们的生活中，每天都在发生着不计其数的新鲜事，聪明的人正如吉田正夫一样，会在观察中思考，在思考中产生有创意的想法，从而一举成功。所以，我们要学会在观察中思考，从思考中获得成就，从而成为生活的主人。

☆ 名师谈写作 ☆

化平淡为生动的比喻句→

比喻也就是打比方。例如本文中："吉田正夫看着这些神奇的小虾，只见它们通体透明、温柔可爱，成双成对地紧紧拥抱在一起，十分像一对对坚贞不渝的情侣。"把小虾环抱在一起的样子比喻成忠贞的情侣，本来毫无概念的形象一下子就在我们的脑海里鲜明起来。

为国王画像

具体问题要具体分析

从前，有一位非常英俊的国王，作战也相当英勇。但后来在战争中失去了右眼和右腿，成了一个既跛又瞎的人。他很难过，对自己失去了信心。

有一天，国王心血来潮，决定为自己留下一张画像，以求自己的英名千古传颂。于是，他召来全国的画师为自己画像，条件是：既要全面如实地反映自己的长相和身体状况，又要展现自己英勇威武的一面。

国王还告诉画师们："画得好的，赏！画得不好的，杀！"

画师们很害怕，不知道如何把失去了右眼和右腿的国王画好。这时，有一个画师上前告诉国王，他可以把国王画得非常地英勇威武，国王很高兴地说："好，那

你就画吧！”

这个画师认为国王的威严不能冒犯，就把国王画得不瞎不瘸、仪态端庄、威严无比。谁知道，国王看了以后大怒：“画中的人根本不是我，你这个弄虚作假、阿谀奉承的骗子，拉下去砍了！”

第二个画师心想：“国王既然希望看到真实的自己，那我就如实做画即可。”于是，他就如实画了一张瞎一只眼瘸一条腿的国王像，国王看了以后更是怒火中烧，咆哮道：“你这个狂妄之徒，竟敢丑化国王，冒犯天威，快拉出去砍了！”

看到这样的情形，画师们吓得魂不附体，一个个不知如何画才好。这时有一位画师说：“我很愿意试试看，希望国王息怒。”画完成了之后，国王一看大喜，重重地赏赐了这位画师。

原来，这是一幅国王狩猎图。图上的国王，一条腿站在地上，另一条腿蹲在一个树墩上，睁着一只眼，闭着一只眼，正在举枪瞄准猎物，惟妙惟肖，把国王的短处巧妙地修饰了起来。

众人看了画后，都惊叹不已。

哈佛IQ一点通

在这则故事中，画师们在作画时，要注意两个具体情

况：一是画像要反映事实，二是画像要顾及国王的尊严。第一位画师只顾及了国王的尊严，没有顾及到画像的真实性，第二位画师只顾及了画像的真实性，却没有顾及到国王的尊严，他们都没有深入地观察、分析实际情况，所以没有找到解决问题的正确方法，最终都为此送了命；而第三位画师，由于对具体问题进行了具体分析，巧妙地构思出了国王打猎的形象，既实事求是地反映了国王的本来面目，又巧妙地掩饰了国王的生理缺陷，顾及到了国王的尊严，所以他不仅没有被杀头，而且还赢得了国王的喜欢。这则故事充分说明了具体问题要具体分析的重要性，它告诉我们：解决问题的方法不能千篇一律，不论做什么事，都要深入地观察、分析实际情况，一切从实际出发，做到具体问题具体分析。

☆名师谈写作☆

蝉噪林逾静，鸟鸣山更幽 →

也许大家没有注意到，其实，运用对比描写事物的方法在很久以前就十分常见了，如唐诗中“朱门酒肉臭，路有冻死骨”、“蝉噪林逾静，鸟鸣山更幽”等。在本文中，三个画师为国王作的画像各不相同，但最后一位画师却与前两位的作品形成了对比，好坏在对比之下就变得非常明显了，因此，我们应该学会用对比的方法描写事物。

PART

II

竖起来的鸡蛋

应变力是智慧的发动机，托起你飞翔的翅膀。

华盛顿找马

巧妙运用心理定势

华盛顿是美国第一任总统，他年轻的时候有一件丢马的轶事。

一天，邻居盗走了华盛顿父亲的一匹马。华盛顿和接到报案后闻讯赶来的警察在邻居的农场里找到了马，可是，邻居拒不归还，一口咬定说："这是我的马。"

华盛顿灵机一动，便用双手遮住了马的双眼，问道："如果这马是您的，那么，请您说出它的哪只眼睛是瞎的？"

"右……右眼。"邻居犹豫地回答说。

于是，华盛顿放下蒙着马眼的右手，马的右眼明亮而有神，并没有瞎。

"啊，我弄错了，马的左眼才是瞎的。"邻居急忙

辩解道。

于是，华盛顿又放下蒙着马眼的左手，马的左眼也是明亮的，没有瞎。

“糟糕！我又错了。”邻居自我解嘲地说。

“不错，你是错了。”警察说，“这已经足以证明马不是你的！你必须把马还给华盛顿先生。”

哈佛IQ一点通

华盛顿巧妙运用心理定势，先做了一个假设——马是邻居的，然后根据这个假设进行推理分析，得出了一个矛盾——马的主人怎么会不熟悉马的情况呢？于是，就推翻了原来的假设，证明马不是邻居的，从而找回了自己的马。在生活中，我们也可以根据问题的具体情况，巧用心理定势帮助自己解决问题。

☆ 名师谈写作 ☆

我要写这样一个人物！ →

尝试在作文一开始就告诉大家你的故事重点吧！就像本文，由于描写的是伟人的故事，所以第一段先讲明人物、事件：美国第一任总统华盛顿年轻时丢过马。然后才开始讲述故事的经过、结果。这样表达，既能增强文章的生动性，更能引人入胜。

拿破仑开枪救人

恰当运用逆反思维

拿破仑是世界著名的政治家、军事家，他的胆略举世闻名，他不仅创造了许多历史上的奇迹，而且在生活中也同样充满了智慧。

有一次，拿破仑骑马来到一片树林，忽然听到一阵紧急的呼救声。他策马扬鞭，朝着发出叫喊声的地方跑去。

只见一个不会游泳的士兵掉进了水里，正往深水当中漂移，距离岸边已有30米。岸上几个士兵无可奈何地叫喊着，慌作一团，他们当中谁也不会游泳。

“他会游泳吗？”拿破仑问道。

一个士兵回答说：“他只能划几下，现在不行了，漂到深水里了。不过刚才他还喊救命来着！”

拿破仑随即从侍卫手里拿过一把手枪，大声向落水的士兵喊道："赶快游回来，你还往前爬什么？再往前去，我就枪毙你。"说完，他便朝那人的前方开了两枪。

这时候，落水的士兵或许是听到了岸上威胁的话，或许是听到了前方子弹入水的响声，猛地转过身来，拼命地划着，竟然很快就游到了岸边。

落水的士兵得救了，同伴们都很高兴。

这时他们才发现，站在他们身边的竟是拿破仑皇帝。

被救的士兵神色慌张，赶忙叩谢皇帝，他不解地问："陛下，我不慎掉到水里，快要淹死了，你还要枪毙我，这是为什么呀？真把我吓坏了，您的子弹差一点就打中了我！"

拿破仑笑着说："傻瓜！如果不吓你，你才真的要淹死了！你再往前漂去，越漂越远，你就再也游不回来了。这是一个荒野深湖，周围没有居民。你看，这里几个人有谁能下水救你呢？经过这一吓，你不就自己游回来了吗？"

经他这么一说，士兵们这才明白过来，都开心地笑了。

方法总比问题多，我们的心灵中其实都隐藏着一种力量，等着我们去发掘。当面对一些棘手的问题，没有解决方法的时候，我们不妨打破思维定势，换个角度去思考，恰当运用逆反思维，往往就会茅塞顿开，使复杂问题简单化，从而达到解决问题的目的。

☆ 名师谈写作 ☆

利用典故增加说服力 →

在写作文的时候，你有没有无从下手的感觉呢？如果没有可写的事例，那就尝试着引用一些典故吧。这样做既能丰富作文内容，又能鲜明地表达主题。例如本文的主人公拿破仑，几乎无人不知无人不晓，引用他的故事，不仅切合了主题，还增加了文章的说服力。

卓别林智斗劫匪

主动示弱是一种智慧

出门在外总免不了有意外发生。

一天傍晚，著名喜剧大师卓别林带了一笔钱，正走在回家的路上。走着走着，在经过一段小路时，突然从路旁草丛里闯出来一个蒙面强盗，而且这个强盗还持有一把手枪。

强盗用枪指着卓别林的头，威胁说："赶快把你身上的钱全交出来，不然我就开枪打死你。"

面对着黑洞洞的枪口，卓别林知道自己处于弱势地位，也就不做那些没用的抵抗了，而是灵机一动，故意装出很害怕的样子说："我是有一些钱，你千万不要打死我，我会把钱交给你的。不过，请你帮我一个忙，好吗？"

强盗听了很高兴，说：“有什么事尽管说吧，我尽量满足你。”

卓别林说：“这些钱不是我的，都是我老板的，如果现在这些钱被你拿走，我空手回家，老板一定认为我私吞公款。所以拜托你在我的帽子上打两枪，这样老板就知道我遇上了强盗。”

强盗心想：“有了这笔巨款，子弹钱也就不算什么了。”于是，他一句话也没说，把卓别林的帽子拿了过去，照着上面就是两枪。

卓别林又恳求说：“在我的衣襟上打两枪吧，这样就显得更加逼真，更像是被打劫的样子。”

强盗显得很不耐烦，但还是对着卓别林的衣襟打了两枪。

卓别林再次对他说："请再朝我的裤腿上打两枪吧，这样就证明我遭打劫了。老板再也不会怀疑我了。"

被钱冲昏了头的强盗，统统照做了。

这时，卓别林一看，知道强盗的枪里再也没有子弹了，一拳把强盗打到在地上，飞快地跑掉了。

强盗知道上了卓别林的当，一无所获，倒在地上气得哇哇大叫说："我不应该答应他，真是后悔！"

哈佛IQ一点通

主动示弱是一种智慧。凡事逞强好胜，结果往往碰得头破血流；而懂得主动示弱的人，往往成为最后的赢家。面对比我们强大的敌人，主动示弱往往可以麻痹敌人，为自己寻求解脱的机会；在人与人的交际过程中，适当的示弱往往可以消除隔阂，增进交流，建立和谐的人际关系。

☆ 名师谈写作 ☆

良好的开端是成功的一半 →

考场作文能拿到高分的因素之一：精彩的开头。例如本文开头："出门在外总免不了有意外发生。"一句话便充分地引起了我们继续阅读的兴趣。

懂得自救的驴子

对环境变化迅速做出反应

从前，有个农夫养了一头驴子，有一天，驴子不小心掉进了一口枯井里。农夫绞尽脑汁想办法救出驴子，但是由于井口过小，几个小时过去了，驴子还在井里痛苦地哀嚎着。

最后，这位农夫决定放弃，他想：这头驴子年纪大了，不值得再大费周章去把它救出来；不过，这口井是个安全隐患，无论如何必须用土填起来。于是，农夫便请来左邻右舍，帮忙一起将井中的驴子埋了，以免除它的痛苦。

农夫的邻居们每人一把铲子，开始将泥土铲进枯井中。

当这头驴子了解到自己的处境时，刚开始哭得很凄惨。但出人意料的是，一会儿这头驴子就安静下来了。

农夫好奇地探头往井底一看，出现在眼前的景象令他大吃一惊：原来，当铲进井里的泥土落在驴子的背部时，驴子的反应令人称奇——它迅速地抖落身上的泥土，然后再站在铲进的泥土堆上面！

就这样，驴子一次次地将大家铲倒在它身上的泥土，全数抖落在井底，然后一次次地站上去。很快，这只驴子便得意地上升到井口，然后在众人惊讶的表情中快步地跑开了。

哈佛IQ一点通

多聪明的驴子呀！它用事实告诉我们：在人生的旅程中，有时我们难免会陷入困境，但我们要处变不惊，保持沉着冷静的头脑，对环境变化迅速做出反应，好好利用身边的资源，任何人都能走出困境，使自己成为生活的强者。

☆ 名师谈写作 ☆

故事发展123段 →

常常见到很多同学的作文都是一个大段落或者两个段落平均分。这样写不仅没有条理，读起来也非常吃力。以本文为例：第一段，驴子掉到井里了；第二段，农夫决定埋了它；第三、四段，领居们一起埋驴子；第五、六段，驴子自救。像这样按照事情的发展顺序把故事完整地写出来，整篇文章都显得条理清晰、结构完整。

竖起来的鸡蛋

敢于打破定势思维

1492年，航海家哥伦布发现了新大陆，从海上回来后，他成了西班牙人民心目中的英雄。国王和王后也把他当做上宾，封他做海军上将。

但是，有些贵族瞧不起他："哼，这有什么稀罕，值得大家这样大惊小怪？任何一个人坐上船航行，都能到达大西洋对岸的那块陆地上。"

在一次宴会上，哥伦布又听见有人在讥笑他了："上帝创造世界的时候，不是就创造了海洋西边的那块陆地了吗？发现，哼，又算得了什么！"

哥伦布听到后一言不发，沉默了好一会儿，然后，站了起来，从盘子里拿了一个鸡蛋，说："女士们，先生们，谁能把这个鸡蛋竖起来？"

鸡蛋从这个人手上传到那个人手上，却没有一个人能将鸡蛋竖立起来：大家都把鸡蛋扶直了，可是一放手，鸡蛋立刻倒了。

这时，鸡蛋又回到了哥伦布手上，满屋子的人都鸦雀无声地看着哥伦布，想知道哥伦布是怎样把鸡蛋竖起来的。

只见哥伦布不慌不忙地拿着鸡蛋，把鸡蛋的一头在桌面上轻轻一敲，敲破了一点儿壳，鸡蛋就稳稳地直立在桌子上了。

看到这里，满屋子的贵族们轰然喧哗起来：“这有什么稀罕？”

哥伦布不疾不徐地说：“本来就没有什么可稀罕的，可是你们为什么做不到呢？”

贵族们强词夺理道：“这太简单啦！三岁小孩也会做！”

哥伦布笑着说："不错，这确实是很简单的游戏，我只不过改变了一点点，只要动动脑筋就可以办到。可是，你们却谁也没有在我之前想起这样做。"

贵族们顿时哑口无言。

「哈佛IQ一点通」

哥伦布敢于打破定势思维，巧用竖立鸡蛋的方法证实："即使是最简单的事也需要有人去发现，去证实；成功的取得，关键在于行动和创先。"简单而有力地驳斥了忌妒者对他的挑衅和攻击。这个故事告诉我们两个道理：一是再简单的事情，不去行动也是不行的；二是切实的行动比语言上的天花乱坠更有说服力，与其费尽口舌去辩驳，不如换一个角度，用行动去证明。

☆ 名师谈写作 ☆

拒绝拖沓的结尾→

当读到本文结尾："贵族们顿时哑口无言。"你的感受是什么呢？虽然只用了一句话展现结局，但已经产生了回味无穷的感觉。在文章结束时，如果全文已经交代得非常清楚了，不如就尝试着概括一句话做结尾。

救命的一泡尿

用理智冷静地做出判断

在比利时首都布鲁塞尔的一条小街上，高高地立着一座铜像——一个光屁股的小男孩在撒尿。

“当着大家的面在街头哗哗地撒尿？那他一定是个顽皮的孩子！”

如果你这样认为，你可猜错了！其实，他是布鲁塞尔的第一公民——小英雄于连。人们为什么要造这座铜像呢？

原来，在500多年前的一天夜里，布鲁塞尔人民为了欢庆自己打败了外国侵略者，全城的人都跑出来聚集在中心广场上唱歌跳舞。钟声、礼炮声和人们的欢呼声，在五光十色的灯火下，交织成雄壮的乐曲，在布鲁塞尔的上空回荡。

这是一个激动人心的时刻，它标志着受侵略、受奴役的痛苦已经结束。

然而，就在人们兴高采烈地庆祝胜利时，一个反动分子溜进了市政厅的地下室，企图搞破坏。

在这个地下室里，存放着好多好多火药，只要一颗火星溅到火药上，就会引起巨大的爆炸。如果一旦爆炸，那么多的火药足以把整个市政厅和附近的房屋炸塌，欢庆胜利的人们也都会被炸死。

这个反动分子堆好炸药，用一条导火线接上，一直伸到外面的院子里，点上火，就慌忙逃跑了。

着了火的导火线嗞嗞地向地下室燃烧过去。人们谁也没发现这危险的火花。一场巨大的灾难即将降临！

正在这万分危急的关头，恰好有一个叫于连的小男孩来到小院子里玩耍，发现了这危险的火花。他知道地下室里有火药，并且在战争中懂得了导火线闪着火花是怎么一回事。于是，他想赶紧用水把火扑灭。

可是，这里没有水，到远处去打水已经来不及了，就是跑出去喊大人来，恐怕也不行了。

聪明的小于连急中生智，想出了一个很好的办法：朝导火线上撒一泡尿。

嗨！真灵，这泡尿竟把火浇灭啦！

布鲁塞尔人民免去了一场大灾难，人们万分感激小于连，为了永久纪念他，有人提议说：“我们应该为这个小英雄塑一座铜像！”

这个提议立刻得到全体人民的拥护。他们请来全国最杰出的雕塑家，塑了一个光屁股的小男孩子在撒尿的铜像，并隆重地把他安置在布鲁塞尔的一条街上，并且提名“布鲁塞尔第一公民”像。

哈佛IQ一点通

在危机中能够用理智冷静地做出判断，并被事实证明这个判断是正确的，这便是机智！机智可以救己，也可以救人，甚至可以挽救一个国家和民族。

☆ 名师谈写作 ☆

自己提问，自己回答 →

想要引起读者的注意，不如尝试一下故意提出问题，然后再回答的方法。例如，本文开头部分：“为什么要造这座铜像呢？”这样做既可以提醒我们在阅读的时候进行思考，又可以引出下文的故事。

消防车警笛寻人

打破常规解决问题

这天深夜，孤老太婆穆廖莎不慎在家中跌倒，一头撞在桌子的棱角上，再也爬不起来了。绝望中，她看到了电话上的报警号码“09”。在半昏迷中，她忍着剧痛，抓起电话话筒，拨出了这个号码。

这是1953 年11 月13 日凌晨2 时发生在丹麦首都哥本哈根的事。

消防支队的值班员拉斯马森听到报警的电话铃声后，立即拿起话筒：“喂，我是消防支队，请讲。”

可是，穆廖莎拨完电话以后，已用尽了最后一点气力，处于昏迷状态，无法再回答拉斯马森的问题。这样，拉斯马森只能从话筒里听到那艰难的喘息声，他耐着性子呼叫许久。

终于，一丝微弱的声音传了出来：“我不行了，快来救命……”

“你是谁？住在哪里？发生了什么事？”拉斯马森急迫地问了一连串问题。

“我是个孤老太婆……在我家中……我跌倒了……”穆廖莎艰难地说。

“请告诉我门牌号码，我们立即就去！”拉斯马森一边说，一边暗示助手通知大家做好行动准备。

“可是我……我实在想不起来了……”穆廖莎痛苦地回答。

“是在市区吗？”拉斯马森机警地问道。

“是……是的。靠近马路……我家里的灯很亮……我受不了了……快来呀……”

说到这里，穆廖莎大概昏迷过去了，只有电话里那喘息声还能隐约分辨出来。救命如救火！但必须先查出老太婆的住址才行。

拉斯马森望着手中无人答话的话筒，望着车库里严阵以待的十几辆救火车，果断地作出决定：让消防车拉响警笛沿街奔驰，因为老太太的电话未挂，消防车一旦经过老太太所住的街道，警笛声就会通过老太太的电话传到值班室，声音一旦传入，即用报话机命消防车上的队员就近查找亮着灯的人家。

果然，高扬的警笛声在寂静的夜空里格外地响亮，不一会儿，值班室有人在对讲机里兴奋地叫道：“听到

了！听到了！”

就这样，穆廖莎终于被及时送往医院抢救，从死神手里逃了回来。

哈佛IQ一点通

在实际生活中，每个人可能都会面临一些突如其来的紧急情况，如果还是采用常规的方法往往难以奏效，这时，就需要我们学会变通，打破常规解决问题。

☆ 名师谈写作 ☆

重视对故事气氛的渲染→

看恐怖片的时候好紧张！为什么呢？因为其中的气氛太可怕了！例如，本文中对老太太危急情况的刻画，“尽了最后一点气力”、“艰难的喘息声”、“一丝微弱的声音”，以及病人的话语“是……是的。靠近马路……我家里的灯很亮……我受不了了……快来呀……”就是这么仔细的刻画，才产生了老太太生命不保，危在旦夕的紧急感。

老师心中的大事

做事情一定要分清主次

有一天，小男孩汉斯独自到学校附近的河里洗澡。

汉斯下到水里没多久，他的腿突然开始抽搐起来，怎么也站不起来了，接连灌了好几口水，整个人开始往下沉，眼看就要被淹死了。

正当汉斯极力挣扎的时候，恍惚间看到了自己的老师乔治，于是他连忙大声呼救："老师，快救救我！"

乔治老师看到汉斯擅自下水游泳，而且现在还有了生命危险，十分生气。

于是，乔治老师便开始在岸上愤怒地教训汉斯："你怎么这么不听老师的话呢，一个人跑到河里洗澡，你也真够鲁莽和冒险的！我说过多少遍了……"

汉斯一边在一人多深的水中拼命地挣扎着，一边听着乔治老师的责备。

慢慢地，汉斯开始全身抽搐起来，又咕嘟咕嘟地灌了好几口水，眼看就要坚持不住了，而乔治老师还在岸上不停地数落着汉斯。

汉斯哭叫着哀求道：“老师，求求你了！请你先把我救起来，再责备我吧！”

听到这里，乔治老师才慢吞吞地把汉斯救了出来。

哈佛IQ一点通

凡事都有轻重缓急，不论事情有多少，永远是要事第一。尤其是在危及生命的时候，帮助和救援应该先于责骂和教育，否则，就会适得其反，甚至酿成大祸。因此，我们做事情一定要分清主次，根据时机和场合，把当前该做的事情先做好。

☆ 名师谈写作 ☆

以生动的人物对话作衬托→

写作文的时候，主人公的话一定要符合人物身份。例如本则故事中的老师，不管多危急的时刻还是不忘训诫学生，充分体现出了这位老师的刻板，同时，这样的老师形象也紧扣故事的主题。

PART III

放满棋盘的麦粒

数学能力是思维的体操，帮助你造就智慧的人生。

无理数与谋杀案

真理不可能永远被掩盖

2500多年前，古希腊有一位伟大的数学家叫毕达哥拉斯，他最伟大的贡献就是发现了“勾股定理”，所以，直到现在西方人仍然称“勾股定理”为“毕达哥拉斯定理”。

毕达哥拉斯曾经说：“任何两条线段相比，都可以用两个整数之比来表示，由此推导出，自然界只有整数和分数两种数，不存在其他的数。”意思就是说：世界上除了有理数（整数和分数的统称）以外，不可能存在另类的数。

但是，毕达哥拉斯这个结论提出不久，他的学生希伯斯就发现：边长为1的正方形，其对角线和边长不能成为整数比，即既不是整数，又不是分数，而是一个当

时人们还未认识的数。

当希伯斯提出他的发现之后，毕达哥拉斯大吃一惊：原来世界上真的有“另类数”存在！

希伯斯这下可惹祸了！他的发现严重地触犯了毕达哥拉斯的权威。

毕达哥拉斯无法承受自己的理论将被推翻，便下令封锁这个发现：“关于另类数的问题，只能在学派内部研究，一律不得外传，违者必究！”

可是，希伯斯出于对科学的尊重，并没有根据老师的指令严守秘密，而是把他的发现公之于众，让越来越多的人知道了这一新数。

希伯斯的这一举动，令毕达哥拉斯和毕达哥拉斯学派的成员们大为恼怒，他们决定严惩希伯斯。

希伯斯没办法，被迫流亡国外。希伯斯在国外流浪了好几年，由于思念家乡，他决定偷偷返回希腊。

但是，希伯斯在地中海的一条海船上被毕达哥拉斯学派的成员们发现了！

他们捉住希伯斯后，捆住希伯斯的手脚装进口袋里，又残忍地将他扔进了波涛汹涌的大海里。无理数的发现人希伯斯就这样被谋杀了。

后来，古希腊人终于正视了希伯斯的发现，并进一步给出了证明。由于人们当时不能理解像π这样的新数，而它们又的确在自然界大量客观存在，所以，人们通过与已发现的整数和分数对比，把这种新数叫做“无理数”，而把整数和分数合称为“有理数”。

哈佛IQ一点通

希伯斯为宣传科学而献出了宝贵的生命，但他的发现却为举世公认。他的故事告诉我们：真理是不可战胜的，强权可以掩盖真理于一时，但真理不可能永远被掩盖！

☆名师谈写作☆

“锁定”主角→

写作文的时候，不论篇幅长短，故事涉及几个人物，一定要保证内容尽量锁定主人公。本则故事篇幅较长，除了主人公希伯斯以外，还有师父毕达哥拉斯、学派成员等其他人物形象。但故事从希伯斯发现真理，到泄密，到逃亡，到最后被杀害，情节一直围绕主人公，保证了故事的统一。

一道题难倒三个人

运用发散思维开阔思路

一天，农场主查利感觉自己快不行了，就在临终前写了一份遗嘱，给他的三个儿子留下17头牛作为遗产。

大儿子跟随查利放了十年牛，对家庭做出了很大的贡献，查利决定将牛分一半给他；二儿子跟随查利放了五年牛，对家庭也做出了贡献，查利于是分给他1/3；三儿子跟随查利放了一年牛，查利决定分给他1/9。

不久，查利就去世了。

于是，他的三个儿子便开始忙着分牛了。可是，兄弟三人反复商量计算，绞尽脑汁分了很长时间，也没有找到合适的分法。

这是为什么呢?

原因很简单：17的1/2是17/2 ，17的1/3是17/3 ，17的

1/9 是17/9，这三个结果都不是整数。如果照这样分下去，就只有杀掉两头牛才能解决问题。但是，把牛杀死后来分，死牛根本就值不了多少钱。弟兄三个谁也不愿意将牛杀掉来分。

为此，兄弟三人一筹莫展，还发生了争执，但谁也找不到合理解决问题的办法。他们请教了许多有学问的人，也都爱莫能助。

这可真的成了一份奇妙的遗嘱！

最后，他们决定找来镇上的法官帮助他们分牛。

法官让兄弟三人介绍完父亲的遗嘱后，马上说："这个问题很好解决。我家有一头刚满三岁的母牛，现在借给你们，你们按照遗嘱的要求去分，分完后再把牛还给我就行了。"

兄弟三人按照父亲的遗嘱一算：18的1/2是9，18的1/3是6，18的1/9是2。结果，老大分到了9头牛，老二分到6头牛，老三分到2头牛，三人所得的牛的总数正好是17头。

分完之后，兄弟三人对这个结果十分满意。他们觉得这样分既公平，自己又占了便宜，都非常高兴，于是，纷纷向法官表示感谢。

这时，法官牵着自己借给他们的那头母牛说："你们的牛都按照你们父亲的遗嘱分完了，我的这头牛又多出来了，再说你父亲遗嘱中也没有这头牛，现在我可以将我的牛牵回家了。"

兄弟三人见自家的牛都按照父亲的遗嘱合理分完了，也很乐意让法官将那头母牛牵走。

哈佛IQ一点通

发散思维和开阔思路都是智慧的要素。在生活和学习中，许多问题用常规思路是不行的，这就需要我们勇于探索，克服思维定势的消极影响，运用发散思维开阔思路，寻找解决问题的其他方法。

☆ 名师谈写作 ☆

数字间隔用逗号 →

逗号的用途最广泛，也最难掌握，但是只要我们平时留心记忆，总有一天可以熟练应用。比如，句子内部状语后边需要停顿时，就要用逗号。例如本文中："原因很简单：17的1/2是17/2，17的1/3是17/3，17的1/9是17/9，这三个结果都不是整数。"

巧测金字塔的高度

学会理论联系实际

金字塔是古埃及法老王的陵墓，其中胡夫金字塔最为著名，它是埃及最大的金字塔，由10多万奴隶花了30年的时间才建造完成。

金字塔实在太高大了！在当时的条件下，人们没有办法爬到金字塔的最顶端，所以，在金字塔建成后的很多年里，人们费尽心机，总不能确切地知道金字塔的高度。

法老王一直为没有人能够测量出金字塔的高度而苦恼。

一天，法老王又提出了这个问题："金字塔到底有多高？"

对这个问题，仍旧是谁也回答不上来。

法老王大怒，把回答不上来的学者们都扔进了尼罗河。

泰勒斯知道了这件事情以后，从遥远的希腊来到了

埃及，仔仔细细地观察着金字塔，他发现：金字塔的底部是正方形，四个侧面都是相同的等腰三角形（有两条边相等的三角形）。要测量出底部正方形的边长并不困难，但仅仅知道这一点还无法解决问题。

他苦苦思索着。当泰勒斯看到金字塔在阳光下的影子时，他突然想到办法了。当法老王又要杀害一个学者的时候，泰勒斯及时地阻止了他。

法老王好奇地问："难道你能测量出金字塔的高度？"

泰勒斯恭敬地说："是的，陛下。"

"那么它高多少？"法老王问道。

"147米，陛下。"泰勒斯沉着、自信地回答说。

法老王说："你不要信口胡说，你是怎么测出来的？"

泰勒斯说："我可以明天表演给你看。"

第二天，天气晴朗，阳光明媚。泰勒斯带着一根棍子来到金字塔下。法老王说："你今天要是测不出来，那么你也将被扔进尼罗河！"

泰勒斯不慌不忙地回答："如果我测不出来，陛下再把我扔进尼罗河也为时不晚。"

接着，泰勒斯便开始测量起来：他先找出金字塔底面正方形的一边的中点（这个点到边的两边的距离相等），并作了标记；接着，他测出棍子的长度，然后把它笔直地树立在沙地上，并不断测量它的影子的长度；当影子的长度和棍子的长度相等时，他立即跑过去测量金字塔影子的顶点到做了标记的中点的距离。于是，就得出了这座金字塔的高度。

法老王不得不承认泰勒斯的测量是有道理的。

哈佛IQ一点通

泰勒斯之所以能够采用形象思维的方法，利用相似三角形的性质，巧妙地解决了一个千古难题，这主要是因为他善于学习，注意观察，勤于思考，而且还注重学以致用，运用自己所掌握的知识，分析、解决现实问题。因此，我们在学习过程中，不要机械地死记硬背，而要学会理论联系实际，乐于探索、勤于动手，培养自己分析解决问题的能力。

☆ 名师谈写作 ☆

学会使用副词 →

作文中的副词，就像是连接在火车车厢之间的挂钩，一旦少了某个挂钩，火车就不能连接在一起，最终四分五裂。例如本文倒数第二段中“先”、“接着”、“然后”、“于是”，利用这些副词，把泰勒斯测量金字塔的过程有条理地记录了下来。

放满棋盘的麦粒

学会用理性思维分析问题

古代印度的舍罕王曾向全国发出诏令："谁能发明一种既能让人娱乐，又能在娱乐中增长知识，使人头脑变得更加聪明的东西，就让他终身为官。"

一天，宰相达依尔来到舍罕王的面前，说："陛下，臣发明了象棋，不知大王是否愿意一看？"

舍罕王一听，非常好奇，连忙说："什么是象棋？赶快拿来看看。"

原来，达依尔发明的象棋就是今天的国际象棋：整个棋盘由64个小方格组成正方形，共有32个棋子，双方各有16个，包括国王1枚、王后1枚、仕2枚、马2枚、车2枚、卒8枚。双方的棋子在格内移动，以消灭对方的王为胜。

舍罕王十分满意，便打算重赏自己的宰相，说：

"你的官职已经够大了，不能再封了。现在重赏你财物，你想要些什么？"

达依尔跪在舍罕王面前说："陛下，我想向您要一点粮食，然后将它们分给贫困的百姓。"

舍罕王说："善良的宰相，你打算要多少粮食呢？"

达依尔指着棋盘说："陛下，请您在这张棋盘的第一个小格内，赏给我一粒麦子，在第二个小格内给两粒，第三格内给四粒，照这样下去，每一个小格内都比前一小格加一倍。我只要这些就够了。"

舍罕王认为这样摆满棋盘上所有64格的麦粒也不过一小袋，觉得达依尔的胃口并不大，就答应了他这个看起来微不足道的请求："你所求的并不多啊，我当然会让你如愿以偿的！"

千百年后的今天，我们都知道事情的结局：舍罕王根本无法兑现自己的承诺。因为这是一个长达20位的天文数字——18446744073709551616！这样多的麦粒相当于全世界2000年内所生产的全部小麦！

但是，当时所有在场的人都不知道这个结果。他们眼看着仅用一小碗麦粒就可以填满棋盘上的方格，都认为达依尔太傻了，禁不住笑了起来。

于是，按照达依尔的话，人们在第一格内放一粒，第二格内放二粒，第三格内放四粒……可是，还没有放到二十格，一袋麦子就已经完了。随着放置麦粒的方格不断增多，麦粒数一格接一格地增长得十分迅速，一袋又一袋的麦子被扛到舍罕王面前，称量麦粒的工具也由碗换成了盆，又由盆换成了箩筐。

这时，人们都惊诧得张大了嘴，他们发现：要放到第64格，即使拿来全国所有的粮食，也填不满一个格子。

哈佛IQ一点通

智慧来自对事物的理性分析和思考。舍罕王之所以会吃这么大的亏，关键就在于他仅凭感性思维不能对数字形成准确的认识，无法察觉到简单的64个格子后面竟是一个可怕的天文数字。在日常生活中，我们要学会用理性思维分析问题，才能避免舍罕王这样的尴尬。

☆ 名师谈写作 ☆

重视夹叙夹议的写作方法→

夹叙夹议的写作方法就是一面叙述某一件事，一面又对这件事进行分析、评论。本文讲述了舍罕王与达依尔之间的故事，围绕着达依尔要求的赏赐，一边以第三人称叙述故事的发展，一边以第一人称的方式向我们解释一些客观的数字问题，既使得文章通俗易懂，又确保能顺利展现所要表达的主题。

巧用圆周率破案

运用联想思维解决问题

一天，数学家格洛阿得听到了一个伤心的消息：他的老朋友鲁柏被人刺死了，家里的钱财被洗劫一空，凶手还没抓到。

悲恸不已的格洛阿得暗下决心："一定要查个水落石出，抓住凶手！不能让老朋友死得不明不白！"

女看门人告诉格洛阿得："警察在勘察现场的时候，看见鲁柏手里紧紧捏着半块没有吃完的苹果馅饼。我认为，凶手一定就在这幢公寓内，因为案发前后我一直坐在值班室，并没有看见有人进出公寓。"

"可是，这座公寓共有4层楼，每层楼有15个房间，共居住着100多人，这里面到底谁会是凶手呢？"格洛阿得苦苦地思索着。

突然，他脱口而出：“有了！314号房间住的是谁？这个人怎样？”

“是米赛尔。”女看门人答道。“他好喝酒，爱赌钱，但昨天已经搬走了。”

“搬走了？不好，他跑了！”格洛阿得一呆，“这个米塞尔就是杀人凶手！”

女看门人惊奇地问：“你有什么根据吗？”

格洛阿得向女看门人讲述了自己的分析：“鲁柏手里的馅饼就是一条线索。他是一个喜欢数学，善于思考的人。馅饼，英语叫pie，而希腊语pie是π，即我们通常所说的圆周率。人们经常把圆周率的近似值取成3.14来做计算。临终前，他机智地想到利用馅饼暗示凶手所住的房间，为破案留下了线索。”

女看门人觉得格洛阿得的分析很有道理，立刻把这些情况报告了警察，要求缉捕米塞尔。很快，米塞尔就被捉拿归案了。经过审讯，他果然招认了见财起意杀害鲁柏的全过程。

哈佛IQ一点通

联想是一种非常重要的思维方法，它往往可以帮助我们透过事物之间的普遍联系，发现问题的症结所在，从而达到解决问题的目的。格洛阿得运用独特的数学思维和语言分析方法，联想到了鲁柏对数学的偏爱和善于思考，进而找到了破案线索馅饼，最终找了真凶。

☆ 名师谈写作 ☆

打开屋门见大山的畅快→

本则故事开头讲道：数学家格洛阿得的好朋友被人刺死，财产被洗劫，凶手未归案。时间、地点、人物、事件全部交代出来，首先引起我们的阅读兴趣，接下来紧张的故事才由此展开。“开门见山”式的开头方法既比较好写，又可以吸引读者阅读，所以我们应该多多尝试这种写作方式。

两千元建成的百货大楼

把复杂的大问题化整为零

一座位于市中心商业区的现代化百货大楼，占地1400平方米，有中央空调、扶手电梯、豪华装饰等配套设置。建成的话，至少也得数百万，甚至上千万资金。然而，有一个年轻的总裁用2000元就把它建成了。

这岂不是天方夜谭吗？其中有什么奥妙呢？

原来，他将这座百货大楼划分为220多个局部单位（摊位），每个单位一次收10年租金5万元；每年退还其中的10%，不包括利息；另外，每个单位每月收取比市价低三分之二的管理费。

有了这样优惠的条件，使得这座还没有建成的百货大楼，一下子成为人们争相租赁的抢手货。220多个单位20几天便全部租出去了，获得1000多万元租金。而这个年轻的总裁只在报纸上花费了2000元的招租广告费。

哈佛IQ一点通

一个很复杂的问题往往都是由一个个简单的问题综合到一起的，在做事情的过程中遇到困难时，运用分解思维，把复杂的大问题化整为零，分解成相对简单的小问题，就是最好的解决方案。

☆ 名师谈写作 ☆

用否定句表惊讶语气 →

否定疑问句可以表示说话者惊异的情绪、口吻。例如本文第二段中："这岂不是天方夜谭吗？"表达出对上文中提到的用2000元建成现代化百货大楼的惊讶。在作文中运用否定句式，可以使文章有跳跃感，显得灵活、有趣。

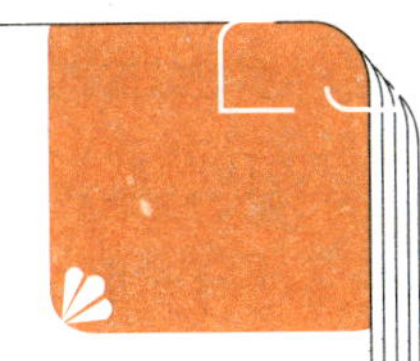

欧拉和爸爸的羊圈

用数学眼光观察生活

欧拉是数学史上著名的数学家，不过，这个大数学家小学没有读完就辍学回家了。回家后无事可做，他就帮助爸爸放羊，成了一个牧童。

欧拉从小对数学入迷，常常一面放羊一面读书，因此，他读的书中，有不少数学书。

渐渐地，爸爸的羊群增多了，达到了100只。原来的羊圈有点小，爸爸决定建造一个新的羊圈。于是，他量出了一块长40米，宽15米的土地，面积正好是600平方米（40×15=600），平均每一头羊占地6平方米。

可是，正打算动工的时候，他发现材料不够用，只够围100米的篱笆。若要围成长40米、宽15米的羊圈，其周长将是110米（15+15+40+40=110）。

爸爸感到很为难：如果按原来的计划建造，就需要再添10米长的材料；如果缩小面积，每头羊所占的面积就会小于6平方米。

欧拉对爸爸说："我有办法。既不用再添材料，也不用缩小羊圈，担心每头羊的领地会变小。"

爸爸不相信小欧拉会有办法，没有理他。

欧拉急了，大声说："只要移动一下羊圈的桩子就行了。"

爸爸听了直摇头，心想："世界上哪有这样便宜的事情？"

但是，小欧拉却坚持说，他一定能两全其美。爸爸只好同意让欧拉试试看。

欧拉得到爸爸的允许后，站起身来，跑到准备动工的羊圈旁：以一个木桩为中心，将原来的40米边长截短，缩短到25米。

看到这里，爸爸着急了，说："那怎么成呢？那怎么成呢？这个羊圈太小了，太小了。"

欧拉也不回答，跑到另一条边上，将原来15米的边长延长，又增加了10米，变成了25米。经这样一改，原来计划中的羊圈变成了一个25米边长的正方形。

然后，小欧拉很自信地对爸爸说："你看，现在篱笆也够了，面积也够了。"

爸爸按照欧拉设计的羊圈扎上了篱笆，100米长的篱笆真的够了，不多不少，全部用光，羊圈面积也足够了，而且还稍稍大了一些。

爸爸觉得，让欧拉这么聪明的孩子在家放羊，实在是太可惜了。于是，他想办法让欧拉认识了大数学家伯努利，通过这位数学家的推荐，巴塞尔大学破格录取了欧拉。13岁的欧拉成了这所大学最年轻的学生。

哈佛IQ一点通

欧拉处理羊圈问题的独特之处就在于：把实际问题转化成数学问题，运用数学概念、计算法则，快速、准确地得出了合理的答案！数学知识源于生活，又服务于生活。如果我们能够从生活实际出发，用数学眼光观察生活，就一定会得到意想不到的收获。

☆ 名师谈写作 ☆

用具体事例展现人物特点 →

通过具体事件表现人物，要求我们在写作文时，所选的事件要能充分表现人物的特点。例如本文中，对于欧拉从小就在数学方面有着很深的造诣这一点，选用的事例是老欧拉解决不了羊圈材料不够的问题，小欧拉却能轻松解决。在阅读的过程中我们也都觉得，这样聪慧的孩子在家放羊实在太可惜了。所以，作文中所选用的事件一定要紧扣所表达的主题，才能展现的人物特征。

高斯巧解数学题

敢于打破陈旧的思维方式

有“数学王子”之称的高斯，从小就特别爱动脑筋，而且对数学很感兴趣。据说，他还不会讲话时，就开始自己学计算了；在他3岁时，就能纠正爸爸计算的错误了。

上小学后，高斯的数学水平就更高了。

有一天，教数学的白尔脱老师想治一治班上的淘气学生，一走进教室，就在黑板上写下了这样一个题目：1+2+3+4+5+6+……+100=?

然后，他对同学们说：“今天的功课是你们自己算题，谁先算完，谁就先回家吃饭。”

听到这句话，同学们立刻拿出练习本，低头认真地算起来。

白尔脱老师呢，则一言不发地拿起一本小说，坐在椅子上看书了。

谁知道，他刚看了一页，小高斯就举手报告老师说："老师，这道题我算完了。"

"算完了？"白尔脱老师没好气地挥挥手，"你算得这样快，准会算错，再算算看吧！"他认为高斯不可能这么快就会有答案的。

可是，高斯理直气壮地说："不会错的，我检查过了，还验算了一遍。"

白尔脱老师这才走到高斯座位前，拿起他的练习本一看，答案是"5050"，显然一点不错。

"你是怎么算的？"白尔脱老师惊奇地问道。因为他自己曾经算过，得到的数也是5050，这个8岁的小鬼怎么这样快就得到了这个数值呢？

高斯一板一眼地回答说："我发现这个题目一头一尾挨次的两个数相加，都是101，总共50个101，所以答案就是50×101=5050。"

"真妙啊！"白尔脱老师兴奋地拍了一下桌子，接着大声地对全体同学说："真没想到，你们当中竟会出现数学神童！"

从此，在白尔脱老师的精心培养下，高斯对数学越来越感兴趣，造诣也越来越深，17岁时就发现了数论中的二次互反律。

「哈佛IQ一点通」

人的创造力往往来源于打破常规的思维方式，新的发明和发现大都是因为人们敢于打破陈旧的思维方式，努力寻找新的方法才出现的。高斯的聪明之处，正在于他能打破常规，跳出旧的思路，仔细观察，细心分析，从而找出一条新的思路。

☆名师谈写作☆

用一个典型事例说明主题→

作文中恰到好处地列举例子，能丰富我们的文章。最简单的方法是用一个典型的大例子来代替多个重复的、不具代表性的小例子。例如本文，只举了小高斯解数学题一个事例，便充分地展示了高斯在数学上的天赋。

PART IV

失踪的锡制纽扣

分析推理能力是思维的金钥匙，为你开启智慧之门。

寻找遗失的怀表

找准方法是解决问题的关键

有一天，大农场主普拉格到农场巡视。到了农场谷仓，普拉格东看看，西看看，非常开心。

可是，当他准备返回住处时，忽然发现自己最心爱的怀表不知何时不见了。这块表对普拉格来说十分珍贵，因为这是妻子送给他的生日礼物。

普拉格心急如焚，非常着急，但不知如何是好。

没办法，普拉格只好把农场里所有的人都找来，帮助他寻找怀表。他担心农场的人们寻找怀表不卖力，就拿出一把金币，对所有人说："谁找到怀表，奖赏10枚金币。"

10枚金币，对于农场的人来说，可是一笔巨大的财富。

于是，人们一窝蜂地跑进农场，开始四处寻找起

来。但是，农场到处都是稻谷和稻草，想找到一块儿小小的怀表十分困难。人们几乎把整个农场都翻遍了。可是，到了夜幕降临时，还是没有人找到普拉格的怀表。

有人抱怨说："农场这么大，怎么可能找到呢？简直就是大海捞针。"

"天亮的时候都找不到那块小小的怀表，现在天黑了，更不可能找到怀表了。"又有人接着说。

就这样，大家决定第二天再来寻找怀表。普拉格一脸失望的神情，看着农场里的人一个个离开了，只好气馁地准备放弃。

但是，有一个叫海曼的小男孩留了下来。

海曼对普拉格说："先生，我可以再找一次吗？我有把握找到你心爱的怀表！"

虽然普拉格心里觉得希望不大，但还是同意了海曼的要求："好吧，那就麻烦你找找吧，找到了我会奖赏你的。"

这时，天越来越黑，农场里十分安静。只见海曼找了个位置，静静地坐了下来，一切都安静了，悄然无声的，但是有一个小小的声音从农场的某个角落传来。

"滴答、滴答、滴答……"声音很微弱。

海曼轻轻地趴下身子，静静地把耳朵贴在地上，认真地听了一会儿。然后，海曼轻轻地像猫一样，踏着几乎无声的脚步，顺着声音走了过去。

最后，海曼在一堆稻草中找到了怀表，交到了普拉格的手上，他自然也得到了应有的奖赏。

「哈佛IQ一点通」

找准方法是解决问题的关键，正确的方法就是开启成功之门的金钥匙。小男孩海曼利用怀表发出的声音，准确地判断出了怀表的方位，并最终找到了怀表。这得益于他的善于分析，找到了正确的方法和思路，从而使问题迎刃而解。

☆名师谈写作☆

巧妙使用象声词→

象声词就是摹仿自然声音构成的词。例如本则故事中，怀表“滴答滴答”的响声。准确地使用象声词，可以增加我们文章的生动性。常见的象声词还有：布谷鸟的叫声“布谷布谷”，小猫的叫声“喵喵”，门铃声“叮咚叮咚”。

能分辨颜色的手

用科学的眼光分析日常生活现象

这天，天气特别好，太阳旺旺地燃烧在头顶。

在人如穿梭、热闹非凡的大街上，盲人班纳特拄着拐杖，蹒跚地行走着。

“卖罐啦！结实耐用的罐子大甩卖啦！”卖罐商人利拉的叫卖声吸引了他。

班纳特慢慢地走到利拉跟前，翻了翻混浊的眼珠子，问：“怎么个卖法？”

这时，利拉又说了一套不知重复多少遍的话：“白罐2元一个，黑的比白的结实耐用，要3元一个，现在只剩下4个白罐和一个黑罐了。”

“那我买一个黑罐。”班纳特付给利拉3元钱。

利拉看到班纳特是个盲人，就蹦出一个邪恶的念

头："他是盲人，就算我给他一个白罐，他也不会知道。"

谁知道，班纳特接过罐子，上下摸了一会儿，又伸手摸了摸柜上其余4个，突然气愤地叫道："你这个奸商，竟欺骗一个双目失明的人！"

利拉心想："这个家伙肯定是上当受骗的次数多了，见绳疑蛇，故意诈唬我呢！哼，我才不上你的当！"

于是，他狡黠地说："老人家，你就别疑神疑鬼了，我再缺德也不至于缺德到要欺骗你这样令人同情的人吧。"

听到这里，班纳特更加气愤了："奸商！你这个奸商！还给我狡辩！"

过往的行人听到他们的争吵声，都纷纷地围了过来。大家知道了事情的真相后，一致指责利拉利欲熏心，道德沦丧。

利拉见众怒难犯，只好给盲人换了一个黑罐，并不停地打招呼，以示歉意。但是，利拉和其他行人一样，都觉得很奇怪：盲人的手怎么能分辨出颜色呢？

班纳特笑着解释道："这其实很简单，白罐子反射阳光，黑罐子吸收阳光。不信，你们摸，黑罐子比白罐子热得多了。"

大家一摸，果然如此。

哈佛IQ一点通

这是一个把科学常识灵活运用到生活中的典型例子。盲人班纳特通过太阳照射下罐子的不同温度，从而用手分辨出了罐子的黑白颜色，最终战胜了伪善的卖罐商人利拉。这个故事告诉我们：把科学的思维方式运用到生活中，用科学的眼光分析日常生活现象，即使是生活中的一些小事情，往往也能带给我们意想不到的效果。

☆ 名师谈写作 ☆

成语可以使作文锦上添花 →

语文课本里的成语你都背过了吗？了解它们的词义了吗？把它们运用到我们的作文中来吧！例如本文中“见蛇疑绳”、“利欲熏心”等成语，用很少的字，表述了很多的内容，简明扼要，又增加了文章的可读性。

路边树上的野果

解决问题的前提是分析问题

有一个小男孩，叫帕克勒。一天，他和小伙伴们到野外去玩。当时，正值酷暑，骄阳似火，树叶和庄稼都因为缺水，无精打采的，行人热得几乎透不过气来。

帕克勒和小伙伴们汗流浃背，渴得嗓子眼里直冒烟，想找口水喝，可到处见不到一个可以喝水的地方。

正在一筹莫展的时候，忽然，小伙伴中有人高兴地喊了起来：“快看，前面有果树！”

小伙伴们闻声望去，前面不远的路旁果然伫立着一棵枝叶茂密的果树，树上挂满了拳头大小的野果。

小伙伴们见了，喜不自禁，直奔果树而去，纷纷要摘果子吃。

帕克勒仔细看了一下周围，对小伙伴们说：“这些

果子肯定不好吃，我们还是走吧。”

小伙伴们看着红灿灿的果子，诱人得很，根本不听帕克勒的劝说。

几个动作灵活的男孩子噌噌几下就蹿到了树上，开心地采摘着野果，口袋里装满了，便抛给树下的小伙伴。

树下的小伙伴蜂拥着在地上捡果子，只有帕克勒站着没有动。

“帕克勒，快来捡呀。”一个小伙伴喊道。

帕克勒摇着头说：“我不要，这树上结的果子肯定不好吃，也许全是苦的呢。”

小伙伴们根本不相信帕克勒的话，分别挑出最大、最红的果子，用衣角擦擦，就急不可待地吃起来。

“哇！好苦！这果子真的好苦啊！”小伙伴们不约而同地吐了出来。

这时，他们才相信帕克勒说的话，都惊奇地问：“帕克勒，你怎么知道这果子很苦，难道你吃过吗？”

帕克勒笑了笑，说：“你们想啊，这些果树长在大路旁，如果树上的果子是甜的，那不早被人摘光了吗？”

小伙伴们听了帕克勒的话，都佩服地点了点头。

哈佛IQ一点通

帕克勒仔细地观察、分析了周围的环境后，才准确地判断出树上的果子肯定不好吃。这个故事告诉我们：生活中的许多现象，并不直接反映事物的本质，通过观察，仅仅能获得一些表象，因此，我们解决问题的前提是分析问题，只有通过观察、分析，由表及里地识别事物的本质，弄清事物之间的联系，我们才能做出正确的判断，从而迅速而有效地解决问题。

☆ 名师谈写作 ☆

我口渴得嗓子都冒火了 →

想要用好夸张修辞就要求我们多联想，锻炼出丰富的想象力。例如本文中：“帕克勒和小伙伴们汗流浃背，渴得嗓子眼里直冒烟。”这句便是夸张的一种修辞手法。运用这种修辞，既可以突出事物本质，又可以烘托气氛，加强作者的某种情感，引发我们联想。

失踪的锡制纽扣

透过表象分析事物内在本质

在100多年前的一个冬天，朔风凛凛，大雪纷飞，气温突然下降到了零下30 度！于是，位于俄国首都彼得堡的军需部，开始给军营里发军大衣。

崭新的军大衣穿在身上，要多暖和有多暖和！

可奇怪的是，这次发放的军大衣全都没有纽扣，就连沙皇的卫士穿的军大衣也没有纽扣。

官兵们十分不满，都叽叽喳喳地议论起来："军大衣上怎么连一颗纽扣也没有呢？真是太奇怪啦！"

很快，这件事就闹到了沙皇那里。

沙皇知道了这件事，非常恼火，大发雷霆，要严厉处罚负责监制军装的军需大臣。

军需大臣委屈地说："这事儿就奇怪啦，我曾经到

过制军大衣的工厂去，亲眼看见制衣厂的工人把一颗颗银光闪闪的锡纽扣钉上去了呀！”

沙皇吹胡子瞪眼睛地说：“可是，现在连半个纽扣也不见了！你快去查一个清楚，到底是谁在搞破坏！”

军需大臣吓得连声说：“是，是，我马上去办！”

军需大臣马上到仓库里去调查这件事。他翻遍了整个仓库，竟没有一件大衣上有扣子。

可是，负责仓库保管的军官和士兵们都说：“这些军大衣运来时，确实是有锡纽扣的，一直到发放军大衣时才打开仓库，扣子是不可能丢的。不过，现在还剩下一部分军大衣。”

军需大臣取过一件军大衣一看，也没有锡纽扣，只是在钉扣子的地方，有一些灰色的粉末。

这些锡纽扣为什么会莫名其妙地失踪了呢?

这位军需大臣百思不得其解，发愁极了。

正好，军需大臣有一位朋友是个化学家，他听说了这件事后，就对军需大臣道出了锡纽扣失踪的秘密。

这时，军需大臣才恍然大悟，赶紧把这位化学家朋友引荐给了沙皇。

这位化学家对沙皇说：“扣子失踪的原因是由于天气奇冷，锡纽扣变成粉末脱掉了。锡有个特性，在摄氏13.2度以下，就会慢慢变成松散的灰色粉末。而现在气温已到了零下30度，怎么还能期望锡纽扣不失踪呢?”

沙皇还是不大相信，化学家就拿了一个锡酒壶放到

皇宫外的台阶上，几天后，锡壶仍放在原处，看上去和原来没有什么两样，但用手指轻轻一碰，锡壶就变成了一堆粉末。

于是，沙皇宣告军需大臣无罪。

哈佛IQ一点通

世界上的一切事物都是互相联系的，任何现象都会引起其他现象的产生，任何现象的产生都是由其他现象所引起的。所以，透过表象分析事物内在本质，找出问题产生的原因，是解决问题的关键。

☆ 名师谈写作 ☆

单引号、双引号巧区分→

单引号其实并不常用，除了双引号和单引号在写法上的不同：“”和‘’。只有一种情况会用到单引号：如果所引的话中又包含有引用的话，则要采用“外双内单”的办法，即外面一层用双引号，里面一层用单引号。例如，当时北平各报载“十一月三十日重庆专电”：“北大代理校长傅斯年，已由昆明返渝，顷对记者谈：‘伪北大之教职员均系伪组织之公职人员，应在附逆之列，将来不可担任要职。’”

林肯请月光作证

掌握关键事实，巧妙利用对方弱点

林肯是美国历史上一位非常受人尊敬的总统，他年轻时当过律师，曾受理过一桩悬案，并由此而名声大振。

一天，林肯从报上得知自己的好朋友老阿姆斯特朗的儿子小阿姆斯特朗被控犯谋财害命罪，而他知道小阿姆斯特朗性格纯良，决不会干杀人之事，于是，他决定出任小阿姆斯特朗的律师。

林肯首先查阅了法院的全部有关案卷，然后又到案发现场进行了实地勘察。他很快掌握了全部事实：法庭用以定罪的主要证据是虚假的，小阿姆斯特朗是受人诬陷而蒙冤受屈的。

于是，林肯要求法庭重新审理这个案子。

复审开始时，被告人小阿姆斯特朗不断地喊冤，而原告证人福尔逊，却一口咬定自己目睹了罪犯作案。他的证词是这样的："10月18日晚上11时1刻，我站在一个草堆后面，亲眼看到被告在草堆西边30米处的大树旁作案，因为月光正照在被告脸上，所以我看清了作案人的面目。"

听众席上的许多人都为小阿姆斯特朗捏了一把汗。

这时，林肯不慌不忙地从座位上站了起来，问福尔逊："你能肯定当时的时间和地点吗？"

福尔逊回答："完全可以肯定，我发誓。"

听了这句话后，林肯转身对着听众，庄严地宣布："证人福尔逊是一个彻头彻尾的骗子！他的证词是编造的！此案纯属诬告！"

这个意外的结论，顿时把法庭上的人都闹愣了，包括主审法官，都感到十分突兀。有人高声提出质问："律师说话要摆事实讲道理，你根据什么事实得出这样的结论？"

接着，林肯说："证人说10月18日晚上，他在月光下看清了被告人的脸。可是，10月18日那天应该是上弦月，11点时月亮已经落下去了，哪里还有什么月光？再退一百步讲，就算月亮还没有落下去，还在西天上，月光也应该从西往东照。而遮挡着证人的草垛在东边，被告人站在西边的大树下，如果被告人的脸面向东边的草垛，也就是背对月亮，脸上就不可能照到月光；如果他不是面向草垛，证人又怎么能从二三十米远的地方看清被告人的脸呢？证人不顾事实，说什么'月光正照在他脸上’，这还不是一派谎言吗？”

在场的人们开始沉默了一会儿，然后爆发出一阵雷鸣般的掌声和欢呼声，福尔逊尴尬得说不出话来，脸上红一阵白一阵的。结果，小阿姆斯特朗无罪释放，福尔逊因作伪证，却成了阶下囚。

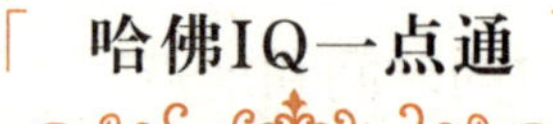

哈佛IQ一点通

再强大的敌人也有他的弱点，把握住对方的错误是战胜对手的关键。在这场辩护中，林肯运用丰富的自然知识和严密的逻辑推理，巧妙地使对方固有的错误充分暴露，从而成功地揭穿了福尔逊的谎言，澄清了事实真相，为小阿姆斯特朗洗清了不白之冤。

☆名师谈写作☆

利用长句表现作文之庄重→

长句结构复杂、词语较多。例如本文开头写道：“一天，林肯从报上得知自己的好朋友老阿姆斯特朗的儿子小阿姆斯特朗被控犯谋财害命罪。”这则故事涉及犯罪，相对严肃、神秘。长句的优点就在于它比短句完整，叙述清晰，给我们以正式、正规的感觉。

一把钥匙开十把锁

从整体上考虑并分析问题

从前，有一个非常富有的国王，他有很多古玩珍宝，为了便于保管，他命人打造了10个大铁箱，用来分门别类地装珍宝。

为了方便管理，保证这些珍宝的安全，国王又给这10个箱子配了10把不同的锁，每把锁上配了两把相同的钥匙，然后，又挑选了10个可靠的大臣，一人发了一把钥匙，要他们分别保管一个铁箱，另外那10把钥匙则由国王亲自保管。

国王有个习惯：喜欢随时取出珍宝把玩。而这10个大臣不能做到天天同时在他身边，当他需要取出某件珍宝时，也许负责保管那个铁箱的大臣偏偏就不在。所以，没过多久，问题就出现了。

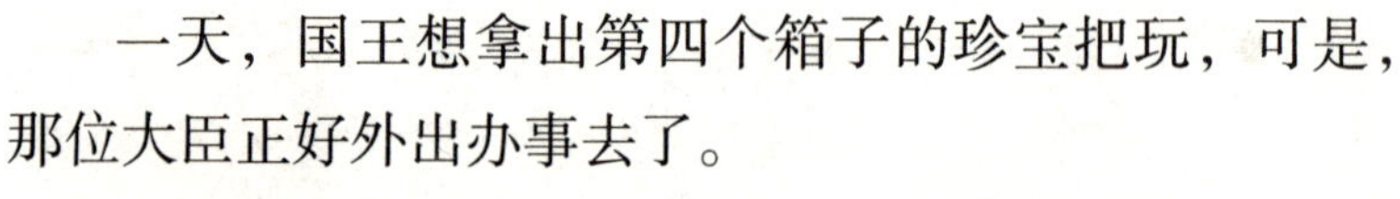

一天，国王想拿出第四个箱子的珍宝把玩，可是，那位大臣正好外出办事去了。

由于不能随时打开箱子，国王觉得很不方便。

于是，国王就把大臣们召集到一起，给他们出了一个难题：在不另配钥匙的前提下，想一个办法，无论什么时候，传唤任何一个保管钥匙的大臣，都能迅速快捷地取出任何一个箱子的珍宝。

大臣们听了，个个皱着眉头、抓耳挠腮，想了很久也没想出办法来。

就在大臣们束手无策的时候，一个小太监壮着胆子说道："陛下，我有个主意。"

国王高兴地说："快讲！"

小太监怯生生地说："既然每把锁头上配有两把钥匙，那就将另外那10把备用钥匙也拿出来，将它们和对应的箱子分别编为1至10号，然后，按照顺序把1号钥匙放入2号箱中，2号钥匙放入3号箱中，依次类推，最后将10号钥匙放入1号箱中。这样，负责保管铁箱的任何一位大人，用自己手中的那一把钥匙，都能打开与其相应的铁箱，然后，再用铁箱中的钥匙，去依次打开其他的铁箱，直到最后取出陛下需要的珍宝为止。"

国王和大臣们听完之后，都点头称赞，因为这确实是一种简便易行的巧妙办法。

哈佛IQ一点通

从整体上考虑并分析问题，而不是孤立地看待问题，能够拓宽思路，把握住问题的主要矛盾，从而一举解决问题。在这个故事中，小太监把这“10把锁”作为依次环环紧扣的一个整体来思考，而不是孤立地去考虑“一把钥匙一把锁”，所以，他巧妙地想出了“一把钥匙开十把锁”的简易办法。

☆ 名师谈写作 ☆

写作文前理清思路 →

写作文时会遇到涉及多个人物、多件事的情况，只有保证自己的思路清晰，写出来的文章才不会混乱。例如本文中，10个箱子，10把锁，10个大臣，20把钥匙，如何才能保证不混乱呢？归纳为12字口诀就是：归纳主题，陈列提纲，条理清晰。

黄沙路上的车胎痕迹

懂得运用对比分析的方法

一天清晨，琼斯骑着自行车上街。突然，她发现路旁躺着一个腹部正在流血的警察。

警察断断续续地告诉琼斯：“五六分钟前，我查问一个青年时，他突然拔出刀朝我腹部狠狠地刺了一下，接着骑上我的自行车逃走了。”警察说着，用手朝凶手逃跑的方向指了指，就昏迷过去了。琼斯请路人把这位受伤的警察送往医院后，就向警察所指的方向追去。可是，她没追出多远，前面出现了岔道。凶手跑往哪个方向了呢?

琼斯向两边望去，只见左右两边的路都是上坡路，在离开岔口40米的地方，两边的路都铺了一层黄沙。在松软的黄沙层上清晰地有着自行车车胎的痕迹。她发现：右边路上的车胎痕迹，是前后轮深浅大致相同；

而左边路上前轮的车胎痕迹，要比后轮的浅。

这时，有个刑警也骑着自行车赶来了。琼斯告诉他："杀人凶手是从右边这条路逃跑的。因为通常骑自行车的人，他的身体重量是在后轮上，所以在平坦的路上或下坡时，前轮车胎的痕迹浅，后轮车胎的痕迹深。在上坡时，由于骑车的人必须朝前弯着腰，使重心落到把手上，前轮和后轮车胎的痕迹就大致相同了。现在这两条路都是上坡，那凶犯车轮的痕迹应该前后的深浅差不多，而右边路上的痕迹正是这样，所以凶手是从右边逃走的。左坡路上是下坡的痕迹，不可能是凶犯的。"

刑警点点头，急忙追去，果然追到了那个凶犯。

哈佛IQ一点通

琼斯之所以能做出正确的判断，除了说明她具有丰富的知识和经验，而且还反映了她具有严密的逻辑推理能力，并懂得运用对比分析的方法，找到问题的关键。

☆ 名师谈写作 ☆

包含说明的部分一定要准确 →

如果作文中出现需要解释说明的地方，例如本文中倒数第二段，琼斯向警察分析罪犯逃跑的路线，要注意说明文字的准确性，不可以夸大，也不能缩小，要实事求是。

缺页上面的秘密

善于从小处看出大问题

莎莉是华盛顿一家图书馆的管理员，她是一个很细心的姑娘。一天，有个老归人来归还书时，莎莉发现这本书缺了第51页、52页这一张。

莎莉面带笑容地说："夫人，您还给我的这本书有缺页。"

老归人解释说："我借的时候就是缺页的，但事先我并不知道。"

"可这书是在您还给我的时候发现缺页的呀，按规定应该由您负责赔偿。"

老妇人没有再解释，就按规定付了款。老妇人走后，莎莉又拿起那本书，随便地翻动着。

忽然，她发现在第53页上有几处细小的划痕，好像

是用刀子划出来的。于是，她用铅笔在划痕上描画，划痕慢慢地显现出来。

等到全部画完，她发现这些划痕有的一部分划在字的四周，另一部分划在空白处，有的则完全划在空白的地方。

她忽然明白了：真正的秘密隐藏在那张缺页上，第53页上的所有划痕，不过是从前一页上透过来的印痕而已。

于是，她去买了同样一本书，对照着缺页这本书上的第53页重新描画了一次，在第51页上有一些互不连贯的文字被划上了线条：去的元她健康你五医治带候很坏宝贝十复音万。

莎莉有些失望，心想：“难道这只是某个人出于无聊而随便划上去的记号吗？”当她看到第53页被划痕框住的文字时，忽然想到：“既然这些字是一个个地剜下来的，当然可以随意排列了。如果改变一下这些字的顺序，其结果又将怎样呢？”

接着，她把这些文字变换了几次顺序，最后组成了一句话：“你的宝贝，健康很坏，带五十（或十五）万元去医治，候复音。”

看到这里，莎莉明白了：这很可能同一起绑架案有关。罪犯害怕笔迹败露，所以从书上剪下一个个的字，然后拼成一句话，寄给被他劫持的“宝贝”亲属，让他们出“五十万”或者“十五万”元去赎。

莎莉她马上把这个推断报告了警察局，然后，警察通过借书者的名单，果然查出了一个可疑分子，破获了一起绑架案。

哈佛IQ一点通

一个细心的人往往具有敏锐的洞察力，善于从小处看出大问题或道理，迅速而准确地分析判断出事物的规律和本质，找到解决问题的办法。

☆ 名师谈写作 ☆

减少词语的重复使用 →

同一个意思换个词语表示，就可以避免词汇的重复出现。例如本文中“忽然，她发现”、“她忽然明白了”等，表示瞬间的词汇还有很多，比如“霎时”、“顷刻间”、“俄而”等，减少词语的重复出现，可以使我们的文章更富文采。所以，我们平时应该多积累词汇。

PART V

下蛋的公鸡和生孩子的男人

语言表达是人际交往的纽带，帮助你架起沟通的桥梁。

带着两个大人的孩子

打破思维定势，换个角度思考

托马斯夫妇决定搬进城里住，但他们在城里没有自己的房子，所以，他们只好带着5岁的儿子租房子。

可是，他们一家三口跑了一整天，都没有找到一处要出租的房子。一直到傍晚的时候，他们才看到一张公寓出租的广告。

按照广告上的地址去看了房子后，托马斯夫妇发现房子出乎意料的好。于是，他们决定找房东谈谈。

当他们敲开房东的门时，从里面走出了一个温和的老爷爷。

“这房屋出租吗？”托马斯鼓起勇气问。

房东老爷爷对三位客人从上到下地打量了一番，遗憾地说：“啊，实在对不起，我们公寓不招有孩子的住户。”

托马斯夫妇听了房东老爷爷的话后，非常失望，一时不知如何是好，愣了半晌，才默默地拉着小托马斯的手走开了。

5岁的小托马斯把事情的经过从头到尾的都看在了眼里，他幼小的心灵一直在想：“难道真的就没有办法了吗？”

忽然，小托马斯挣开爸爸妈妈的手，跑了回去，用他稚嫩的手又去敲房东老爷爷的房门。

这时，托马斯夫妇已经走出了五、六米远，他们不知道小托马斯想干什么，都愣愣地回头望着他。

房门开了，房东老爷爷又出来了。

只见小托马斯精神抖擞地说：“老爷爷，这房子我租了。我没有孩子，只带着两个大人。”

房东老爷爷听后，高声笑了起来，决定把房子租给他们住。

哈佛IQ一点通

很多事情从不同的角度看，往往会得到不一样的结果；打破思维定势，换个角度思考，可以帮助我们解决很多问题。在这则故事中，同样一群人，同样一句话，把“两个带着孩子的大人”换成了“带着两个大人的孩子”，就巧妙地实现了租房的目的。

☆ 名师谈写作 ☆

租到房子之后 →

小托马斯与爸爸妈妈租到房子，搬进新家之后，打算邀请亲朋好友来家里做客，于是写了一封邀请函，格式是：

亲爱的××：

我是××，我们于××年××月××日搬到××地，借乔迁之喜，××（时间）在××（地点）举办酒会。诚挚地邀请您，希望您能于百忙之中抽空参加，不胜欣喜。

此致

敬礼！

××（姓名）

××年××月×日

没有证据的官司

准确地捕捉住听众的心理

林肯在做律师时，以富于同情心和善辩而闻名。

一天，一位老态龙钟的老妇人来找林肯，哭诉自己被欺侮的事。

原来，这位老妇人是美国独立战争时期一位烈士的遗孀，靠政府每月发放的抚恤金维持生活。可是，不久前，出纳员竟要她交付一笔手续费才准领钱，而这笔手续费等于抚恤金的一半，这分明是勒索。

林肯听后怒不可遏，决定帮助老妇人打赢这场官司。

法庭开庭了，原告由于证据不足，被告矢口否认。因为这个狡猾的出纳员是口头进行勒索的，没有凭据，情况显然对老妇人不妙。

轮到林肯发言时，上百双眼睛紧盯着他，看他有没

有办法扭转形势。

林肯用抑扬顿挫的声音开始了他的发言。他没有直接谈论这一起勒索案的具体内容，而是首先把听众引入到对美国独立战争的回忆。林肯两眼闪着泪光，用真挚的感情述说革命前美国人民所受的苦难，述说爱国志士是怎样揭竿而起，又是怎样忍饥挨饿地在冰天雪地里战斗，为浇灌“自由之林”而洒尽最后一滴血的。

听众无不为之动容。

突然，林肯的情绪激动了，把锋芒直指那个企图勒索烈士遗孀的出纳员：“现在事实已成了陈迹。1776年的英雄，早已长眠地下，可是他那衰老而可怜的遗孀，还站在我们面前，要求代她申诉！不用说，这位老妇人从前也是位美丽的少女，曾经有过幸福愉快的家庭生活，不过，她已牺牲了一切，变得贫穷无依，不得不向享受着革命先烈争取得来的自由的我们请求援助和保护。试问，我们能熟视无睹吗？”

说到这里，林肯的发言至此戛然而止。

听众的心早被感动了。有的捶胸顿足，扑过去要撕扯被告；有的眼圈泛红，为老妇人洒下了同情的眼泪；还有的当场解囊捐款。

于是，在听众的一致要求下，法庭通过了保护烈士遗孀不受勒索的判决。

哈佛IQ一点通

“晓之以理，动之以情”，是最常采用的说服方法。面对这场没有证据的官司，林肯准确地捕捉住听众的心理，以犀利的语言和极强的逻辑性，以及明知故问的说话技巧，通过唤起人们对烈士的敬仰和对烈士遗孀的同情，深深地打动了人们的心，终于打赢了这场官司。

☆名师谈写作☆

作文内容要集中→

动笔写作文之前，务必要先明确文章的中心思想。目前我们的作文，最好一篇文章只确定一个中心。例如本文中，林肯富有同情心且能言善辩，故事从林肯决定帮老妇人打官司，到带领大家回忆独立战争，最后回到法庭现场。所有的情节都围绕着林肯善辩这一中心展开，在保证不离题的同时使内容更连贯紧凑。

死里逃生的囚徒

从多角度分析思考问题

古时候，处死囚徒的方法有两种：一种是砍头，一种是用绳绞死。

一次，好恶作剧的国王想处死一批囚徒，心里忽然升起一个奇怪的念头："我要和这批囚犯开个玩笑。对了，让他们自己去挑选一种死法，看他们说些什么。这一定是很有趣的事儿。"

想到这里，国王就派刽子手向囚徒们宣布："国王陛下有令——让你们任意挑选一种死法，你们可以任意说一句话，——如果说的是真话，就绞死；如果说的是假话，就砍头。"

这样的法令真是太奇怪了。

可是，这批囚徒的命操纵在国王的手里，他们认为

反正都是一死，也就顾不得多想，都很随意地说了一句话。结果，囚徒们不是因为说了真话而被绞死，就是因为说了假话而被砍头；或者是因为说了一句不能马上检验是真是假的话，而被看成是说了假话砍了头；或者是因为讲不出话来而被当成说真话而绞死。

国王看到囚徒们像做游戏一样一个个被处死，觉得很有趣，十分开心。

在这批囚徒中，有一个非常聪明的人，当轮到他选择处死的方法时，他忽然巧妙地对国王说：“你们要砍我的头！”

国王一听，顿时感到好为难：如果真的砍他的头，那么他说的就是真话，而说真话是要被绞死的；但是，如果要绞死他，那么他说的“要砍我的头”便成了假话，而假话又是应该被砍头的，但他却说的又不是假话。

所以，他的话既不是真话，又不是假话，也就既不能绞死，又不能砍头。

国王很无奈，为了维持自己的面子，只得挥挥手说："放这个聪明人一条生路吧！"

于是，这个聪明的囚徒凭借自己的一句话而得以重生。

不久，国王那条奇怪的法令，也只好宣告废除了。

「哈佛IQ一点通」

从这则故事中，我们不难看出：要想跳出对方精心设置的两难之境，就不能只拘限于一种思路，而应跳出思维的定势，从多角度分析思考问题，从而从容应对、出奇制胜！

☆名师谈写作☆

通过阅读提高写作能力→

看到国王颁布的法令时，你想到逃生的出路了吗？最后得知答案后，有没有很佩服这名聪明的囚徒？只有通过多阅读提高我们的思维能力和写作能力，才能写出让读者佩服的作文。

美国总统中圈套

找对合适的话题

赫伯特·胡佛是美国第31届总统，他很少在公开场合发表自己的政见，也很讨厌记者无休止的纠缠。

在他就任总统之前，一次坐火车外出考察时，与随行的记者同坐在一节车厢里。其中，有一位记者专门探听政界要人言论，他非常想探询胡佛的政见。

他虽然想了许多办法，可是，这位未来的总统始终一言不发。

记者万分无奈，心里充满了失望和沮丧。

正在这时，奔驰的火车窗外出现了一片新开垦的土地。

这位记者突然灵机一动，想出了一条妙计。于是，他故意摇头晃脑地自言自语说：“想不到这里还是用锄头开垦土地呢！”

“胡说！”坐在一旁沉默得可怕的胡佛终于开腔了，“这里早就用现代化的方法来代替乱垦乱伐了！”

记者马上反问道：“这是真的吗？”

“当然是真的啦！”

接着，胡佛便大谈起垦殖问题来。

就这样，这位记者终于如愿以偿，满载而归了。不久，题为《胡佛谈美国农业垦殖问题》的消息就见了报。

哈佛IQ一点通

这位记者以自己故作愚蠢的方式，让一言不发的胡佛开口说话了，达到了采访胡佛的目的。事实上，对待沉默和固执的人，要想让对方说话，穷追猛打不是最好的办法；找对合适的话题，激起对方的谈话欲望，才是取得谈话成功的关键。

☆ 名师谈写作 ☆

“总分总”结构是作文的基本形式 →

你能非常轻松地使用“总分总”的结构写作文吗？多多练习用这种结构写作吧：先是一个短小的开头，然后是一个精彩的正文，最后文章的结尾可以与开头呼应，也可以作总结性结尾。例如本文就是“总分总”结构，既能增加了文章的条理性，又能深刻地表现主题。

下蛋的公鸡和生孩子的男人

学会运用类比的方法

从前，有一个国王，暴虐任性，杀人不眨眼。

有一次，他对一位大臣说："我吃的蛋都是母鸡生的，现在想尝尝公鸡蛋的滋味。命令你三天之内把公鸡蛋找来。找到了，将重赏你；但若找不到，我就要在第四天的早晨处死你。"

这位大臣知道厄运将至，但又不敢公开违抗，只有悲伤地回到家里。

三天过去了，大臣仍无法找到公鸡蛋。最后的一个夜晚，他显得异常的烦躁。

大臣的儿子虽然很小，但却聪明异常。他看到父

亲如此心烦意乱，知道一定是大祸临头了，便问道："爸爸，你有什么烦闷的事，可以对我讲吗？"

"你年纪太小，我讲了也没有用。"大臣有气无力地回答。

"不，爸爸！告诉我吧，或许我能为你分忧。"儿子抓住父亲的双手，使劲地摇晃着。

大臣深情地望着儿子，终于道出了事情的原委。

儿子沉思一会儿，说："爸爸，您不要着急，我有办法逢凶化吉。"

第四天一早，大臣的儿子代替父亲去见国王。

国王问："你爸爸怎么不来呢？"

"启禀国王，我爸爸在家生孩子。"他不慌不忙地回答。

这时，国王和大臣们一阵哄笑。

接着，国王生气地说："胡说！男人怎么会生孩子？"

"是的，国王。男人是不能生孩子的，正如公鸡不

能下蛋一样。”大臣的儿子抓住时机，一句话说得国王张口结舌，无言以对。

最后，国王只好赦免了大臣。

哈佛IQ一点通

“公鸡不能生蛋”，这是公认的事实。可是国王却违背了这个真理，命令大臣去找公鸡下的蛋。为了证实“公鸡不能生蛋”是正确的，大臣的儿子用“男人不能生孩子”这一类似的现象，与“公鸡不能生蛋”进行类比推理，从而达到了否定国王谬论的目的。在生活中，类比的方法可以帮助我们解决很多问题，它在数学中的应用尤其广泛，因此，我们在学习的过程中要学会运用类比的方法。

☆ 名 师 谈 写 作 ☆

人物的性格要与行为一致→

本文中国王的性格特征是：暴虐任性，杀人不眨眼。他的行为也与他的性格一致：提出要吃公鸡蛋的无理要求，不能实现，便要杀人。我们平时写作文时，一定要注意让人物性格与行为保持一致。比如，文明的人不会随地吐痰，随便骂人；慈祥的人不会殴打小孩；正直的人不会出卖国家等。

我知道是谁干的

说话的方式要因人而异

一次，贝克教授对商人卡布尔说："上个星期，我的伞在华盛顿一所教堂里被人拿走了。因为伞是朋友作为礼物送给我的，我十分珍惜，所以，我花了几把伞的价钱登报寻找，可还是没有找回来。"

卡布尔微笑着问："您的广告是怎样写的？"

"广告在这儿。"贝克教授一边说，一边从口袋里掏出一张从报上剪下来的纸片，上面写着："上星期日傍晚于教堂遗失黑色绸伞一把，如有仁人君子拾得，烦请送到布罗德街152号，当以5美元酬谢。"

卡布尔说："登广告大有学问。我给您再写一个广告。如果再找不到伞，我给您买一把新的赔您！"

于是，卡布尔写了这样一个广告："上星期日傍

晚，有人曾见某君从教堂取走雨伞一把，取伞者如不愿招惹麻烦，还是将伞速速送回布罗德街152号为好。此君为谁，尽人皆知。”不久，卡布尔写的广告就见报了。

一天早上，贝克教授打开屋门便大吃一惊。

原来，院子里已横七竖八地躺着六七把雨伞。这些伞五颜六色，布的绸的，新的旧的，大的小的都有，都是从外面扔进来的。贝克教授自己的那把黑色绸伞也夹在里面。其中，有好几把伞还拴着字条，说：“我没留心拿错了您的伞，恳请您不要将此事声张出去。”

哈佛IQ一点通

贝克教授实事求是的广告没有找回伞，而商人卡布尔略带狡猾的广告，却能出奇制胜，关键就在于卡布尔把握住了偷伞人怕被抓到的心理弱点。由此不难看出，在人际交往中，说话的方式要因人而异，不同的对象就要采用不一样的说话方式。

☆名师谈写作☆

红花虽好，也要有绿叶扶持→

再红的花朵也要靠绿叶衬托，如同“烘云托月”。例如本文中，贝克教授的广告产生的效果就衬托了卡贝尔广告产生的效果，结果一目了然。由此可见，衬托具有突出主题，让形象鲜明的作用。

士兵与将军竞选议员

用心说话才能打动人心

美国南北战争结束以后，国会举行了一次竞选活动。

当时，曾经参加过内战的战士约翰·爱伦与战斗英雄陶克将军同台演说，共同竞选国会议员的席位。大家都觉得这是一场闹剧，因为从地位、功勋到社会影响力，陶克将军明显处于上风，爱伦几乎没有取胜的希望。

陶克将军在南北战争中功勋卓著，而且已任过两届国会议员，他抓住战争刚刚胜利，人们还崇拜战争英雄的心理，一开口就气势不凡："诸位同胞们，记得就在10年前的某天晚上，我曾带兵在茶座山与敌人激战，浴血奋战之后，我在山上的树林里睡了一个晚上。如果大家没有忘记那次艰苦卓绝的战斗，就请在选举时不要忘记那个风餐露宿而屡建战功的人。"

陶克将军的演说获得了预期的效果。他的话果然唤起了选民们对他的崇敬和信任，场上响起了一阵阵热烈的掌声和欢呼声。

对此，爱伦并没有怯阵，他胸有成竹地说道：“同胞们，陶克将军说得不错，他确实在那次战争中立了奇功。我当时是他手下的一个无名小卒，替他出生入死，冲锋陷阵，这还不算，当他在丛林中安睡时，我还携带着武器，站在荒原上，饱尝了寒风冷露的味儿，来保护他。各位如果是睡觉时需人守卫的将军，请选举陶克将军；如果是哨兵，需为酣睡的将军守卫的，请选举爱伦。”

爱伦的话音一落，场上立刻响起了更加热烈的掌声。选民对他的话心悦诚服，立刻对他争相推选，纷纷把选票投给了他。

哈佛IQ一点通

其实，最能打动人心的并不是你耀眼的功绩，只有用心说话才能打动人心，引起强烈的共鸣。爱伦没有卓著的战功和显赫的社会地位，如果他在演说中用功绩炫耀自己，就一定不会竞选成功。因此，爱伦避开战功不谈，而是针对大多数选民的心情处境，就陶克将军战后在山上露宿这一件事，选择了最能为选民们理解和支持的演说词，博得了广大选民的同情，最终取得了胜利。

☆ 名师谈写作 ☆

避免含糊其辞→

引用历史事件时，不要使用模糊的概念，比如："好像是美国南北战争结束以后"、"也许是美国南北战争结束以后"、"大概在美国南北战争结束以后"等，模糊的概念会转移读者一部分的注意力，而且会降低事件的真实性、说服力。

PART VI 会说外语的老鼠

学习能力是知识的储备库，帮助你积累创造未来的资本。

被饿死的鹰和被剥皮的马

理论学习必须和实践紧密结合

在美国有一所非常古老的中学，叫纳尔逊中学。它是第一批登上美洲大陆的73名教徒集资创办的。在纳尔逊中学的大门口，有两尊用苏格兰黑色大理石雕成的雕塑：左边的是一只苍鹰，右边的是一匹奔马。

300多年来，这两尊雕塑成了纳尔逊中学的标志。它们或被刻在校徽上，或被印在明信片上，或被缩成微雕摆放在礼品盒中。许多人以为，这只苍鹰代表着“鹏程万里”，这匹奔马代表着“马到成功”。

可是，了解这两尊雕塑的缘起后，就会发现：事实根本不是那么回事。

这只苍鹰代表的并不是“鹏程万里”，它其实是一只被饿死的鹰。

当初，这只鹰为了实现飞遍世界的远大理想，苦练各种飞行本领，结果忘了学习觅食的技巧，它在踏上征途的第四天就被饿死了。

这匹奔马不是什么千里马，代表的也不是“马到成功”，它其实是一匹被剥了皮的马。

刚开始的时候，这匹马嫌它的第一位主人——一位磨坊主给它的活多，就乞求上帝把它换到一位农夫家，于是，上帝满足了它的愿望。可是，没过多久，它又嫌农夫给它的饲料少。最后，在它的乞求下，上帝把它换到了一位皮匠手里。在那里，它什么活也不用干，饲料也多。可是，没过几天，它的皮就被皮匠剥了下来。

纳尔逊中学这两尊雕像的寓意，就是要告诉它的学生们“learning to be”，翻成中文就是“学会生存”。因为，真正能把人从饥饿、贫困和痛苦中拯救出来的，是劳动和生存的技能，而不单单是书本上的知识！理论学习必须和实践紧密结

合才有价值。

当初，那73名教徒之所以把这两尊雕塑耸立在学校的大门口，就是为了时刻能让学生们警醒：不能好高骛远，也不能太多牢骚，只有扎扎实实地做事，才会越来越好!

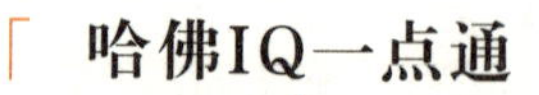

哈佛IQ一点通

对书本上的理论知识掌握得如何，并不能代表实际能力的强弱；只有能够灵活地运用所学的知识，科学地指导自己的实践，才是最重要的能力。所以，我们在努力学习知识的同时，还要努力锻炼自己各方面的能力，学会各种生存本领，脚踏实地地去实践，将书本上的知识转化成实际的能力。

☆ 名师谈写作 ☆

让作文产生戏剧性 →

如何让我们的文章富有戏剧性，引发大家的兴趣呢？我们可以从本则故事中学习一个方法：提出错误假设，否定错误假设，摆出真正原因。例如，本文首先对雕塑的起源、意义做了假设，然后推翻，最后具体说明两座雕塑的由来和意义。在整个过程中一直带着疑问，在结尾处让大家恍然大悟，这未尝不是一个好的作文思路。

渔王的儿子

汲取教训也是学习

有一个叫克劳斯的渔夫，他有着一流的捕鱼技术，因此，渔民们尊称他为“渔王”。然而，年老的克劳斯却有一件非常苦恼的事情：三个儿子的捕鱼技术都很平庸。

因此，克劳斯经常向别人诉说心中的苦恼：“我真是不明白，我捕鱼的技术这么好，我的儿子为什么这么差？”

听到这里，经常有人好奇地问：“是啊，克劳斯，你的捕鱼技术那么好，为什么你的儿子都不如你呢？你是怎么教他们的呀？”

克劳斯满腹委屈地回答：“我从他们懂事起就传授捕鱼技术给他们，从最基本的东西教起，告诉他们怎样织网最容易捕到鱼，怎样划船不会惊动鱼，怎样下网最容易请鱼入瓮。凡是我长年辛辛苦苦总结出来的经验，

我都毫无保留地传授给他们，可是，他们的捕鱼技术竟然赶不上普通渔民的儿子！”

一天，克劳斯又在诉说时，有一位路人听到了，就问他：“你一直手把手地教他们吗？”

克劳斯自豪地说：“是的，为了让他们得到一流的捕鱼技术，我教得很仔细。”

路人接着又问：“他们一直跟着你吗？”

“是的，为了让他们少走弯路，我一直让他们跟着我学。”克劳斯诚恳地回答着路人的问题。

这时，路人微笑着说：“这样说来，你的错误就很

明显了。你只传授给他们技术，却没有传授给他们教训。对于才能来说，没有教训与没有经验一样，都不能使人成大器。”

克劳斯听后，恍然大悟：“原来是这样！原来是这样！”

哈佛IQ一点通

教训是学习的动力，汲取教训也是学习。通过对教训的学习，就可以从失败或错误中取得经验，找出失败或错误的原因，从而引以为戒，不再重蹈覆辙，更利于直达成功的彼岸。所以，学习成功的经验固然十分重要，但汲取失败的教训同样弥足珍贵；一个能够取得不断成功的人，一定是善于从教训中学习的人。

☆ 名师谈写作 ☆

巧用叠词表现力度→

叠词在作文中的使用非常常见，它可以在内容上恰如其分地烘托气氛；在声律上制造节奏感；在语言文字上更显形象性、确切性。叠词构成一般有以下几种形式：AABB型（辛辛苦苦）、AABC型（喋喋不休）、ABB型（冷飕飕）、ABAC型（百发百中）等。

不着急做生意的商人

拥有不断学习的能力

美国小伙子比尔·拉福中学毕业之后，就立志做一名优秀的商人。

可是，拉福考入麻省理工学院后，没有直接去读贸易专业，而是选择了工科中最普通最基础的专业——机械。

这是为什么呢？

原来，拉福考虑到经商必须具备一定的专业知识。

大学毕业后，拉福没有马上投入商海，而是考入芝加哥大学，开始攻读为期三年的经济学硕士学位。

几年下来，拉福在知识上已经具备了商人的素质。但出人意料的是，获得硕士学位后，拉福还是没有从事商业活动，而是考了公务员，去政府部门工作。

这是又为什么呢？

原来，拉福深知，经商必须具有很强的交往能力。而官场险恶、仕途多变，比较容易培养自己机敏、老练和临危不惧的品格。

在政府部门工作了五年后，拉福辞职下海经商，业绩斐然。又过了两年，拉福开办了拉福商贸公司。

20年后，拉福的资产从最初的20万美元发展到2亿美元。当年的小伙子比尔·拉福也成为了美国知名企业家比尔·拉福。

哈佛IQ一点通

学习的目的不是为了追求高学历，而是不断提高自己的能力。因为未来的竞争就是学习能力的竞争。我们只有拥有不断学习的能力，通过不断的学习和执著的努力，才能提高自己的工作能力，成为未来的栋梁之才，一步一步地获取成功。

☆ 名师谈写作 ☆

好文章不需要解释→

请大家牢记一点，我们平时的写作，除了说明文，其他文体几乎不需要解释性的语言，尽量使用描述性的语言。类似“因为……所以……”这类的句式就可以用疑问句、反问句来代替，像本则故事中“这又是为什么呢？”以一个疑问句引出下文即可。

被人嘲笑的驴子

求知没有年龄的界限

威廉·布勒快四十岁的时候，还没有学过什么东西，于是，新婚的妻子朱丽叶就催他去学习法律，将来做一名律师或者法官。

布勒对妻子说："我现在都快四十岁了，再去和别人一起学习，他们都会嘲笑我的一无所知的。再说，像我现在这样的年龄，还能学出什么来呢？"

朱丽叶耐心地说："那就让我来告诉你吧！"

说着，朱丽叶牵来一头背部受伤的驴子，然后，她把灰土和草药敷在驴子的伤口上，这样，驴子被弄得又脏又丑，看起来非常滑稽。

接着，朱丽叶拉着布勒的手，一起把驴子牵到了市场上。

当人们看到这头又脏又丑的驴子时，都指着他们的驴子大笑不已。

就这样，第一天在人们的大声嘲笑中过去了。

第二天，朱丽叶又拉着布勒的手，一起把驴子牵到了市场上。

仍然有很多人指着他们的驴子大笑不已，但是已经比第一天少了很多。

到了第三天，当朱丽叶和布勒再一次把驴子牵到市场上时，就没有人再这样做了。

朱丽叶对布勒说："去学习吧！今天人们笑话你，明天他们就会不以为然，到了后天他们就会说'他就是那样'。"

在朱丽叶的劝说下，布勒终于去学习法律了。

「哈佛IQ一点通」

求知没有年龄的限制。活到老学到老，对任何人都适用。即使年龄再大，也不要怕别人嘲笑，只要你有这个决心，就一定会学有所成。

☆ 名师谈写作 ☆

向主人公的妻子学习 →

在我们小学学习阶段，错别字的出现呈现正态分布的态势，也就是说，随着我们年级的增长，识字量增大，错别字也渐渐增多。为了避免错别字影响我们的作文成绩，我们应该以本文中主人公的妻子为榜样，不断地学习积累，在写作文时细致、认真，避免错别字。

会说外语的老鼠

让自己拥有一技之长

在一个漆黑的晚上，老鼠首领带领着一群小老鼠外出觅食。

不久，它们在一家人厨房内的垃圾桶之中，发现了很多剩余的饭菜。这对于老鼠来说，就好像人类发现了宝藏。

正当这一群老鼠准备大快朵颐的时候，突然传来了一阵令它们肝胆俱裂的声音，那就是一只大花猫的叫声。

于是，它们在震惊之余，便各自四处逃命，但是，大花猫绝不留情，不断穷追不舍。

终于，有两只小老鼠走避不及，被大花猫捉住了。

大花猫张开血盆大口，正要吃掉这两只小老鼠时，突然传来一连串凶恶的狗吠声，令大花猫惊慌失措，狼狈地逃命去了。

于是，九死一生的小老鼠逃过了这一劫。

大花猫走后，老鼠首领慢悠悠地从垃圾桶后面走了出来，对小老鼠们说："我早就对你们说过，多学一种语言有利无害，这次我就因此救了你们一命。"

哈佛IQ一点通

俗话说："技多不压身。"现今社会到处都充满着挑战和机遇，每一个行业、每一份工作，都有它自己要求的技能，所以，我们只有让自己拥有一技之长，才可以让自己多一条路，让别人无可取代。

☆ 名师谈写作 ☆

拟人修辞可以增加作文的趣味 →

在这则故事里，大老鼠是首领，还会营救小老鼠，跟大家说话，要求大家学外语。对于小老鼠而言，猫是敌人，狗说的话是外语。这样的理解多有趣！这样一篇文章多生动！由此可见，利用拟人修辞可以使我们的文章更加生动、有趣。

“偷懒”的师傅

生活本身就是学习

克雷斯有个做玉石生意的朋友，叫特纳德。他为了让自己的孩子拥有一技之长，就把小克雷斯送到特纳德那里学卖玉。

第一年，特纳德什么也没教小克雷斯，只是让他打水扫地。

克雷斯心想：“这可能是在锻炼孩子的耐性吧。”

可到了第二年，特纳德还是什么也没教小克雷斯，仍旧让他打水扫地。

克雷斯有些沉不住气了，就气呼呼地跑去找特纳德算账。

“你为什么不教他一些有用的东西？整天只让他做粗活，这能学到什么呢？”克雷斯质问道。

特纳德回答说："这两年里我教了他很多东西啊！"

这时，刚好来了一个客人要鉴定一块玉的真伪。

于是，特纳德就把小克雷斯叫了过来，说："你来帮这位客人鉴定一下吧。"

小克雷斯胆怯地说："不行，不行。你还没教我呢！我如何能辨识得出真假呢？"

特纳德说："在你来的第一天，我就给了你一块玉，要你天天拿在手里，现在去摸一摸，如果感觉和你那块一样，就是真玉，不一样就是假的。"

小克雷斯只好硬着头皮去试一试。

他刚触摸到客人的玉，立刻斩钉截铁地说："这是

假的。”

客人连说佩服，原来他想试试特纳德的眼光，故意拿了一块假玉，结果连学徒都能鉴定出来，师傅就更不用说了。

哈佛IQ一点通

事实上，生活本身就是学习。知识来源于生活，生活中处处充满着学习。在日常生活中，时刻让自己处于一种学习的状态，不仅可以领悟到知识的魅力，而且还可以为自己良好的品行和聪明的才智打下基础。

☆ 名师谈写作 ☆

让主题积极向上 →

假设一篇作文的题目是《生活是什么》。在知道题目以后，我们应该如何构思作文的内容呢？花儿是红色的，小草上挂着露水，我们的生活是美好的。作文的主题一定要朝着积极的方向思考，避免厌世、反动、暴力等内容的出现。正如本文的主题“生活本身就是学习”一样。

补鞋底只能用四颗钉子

要结合实际勇于创新

在苏格兰一个小镇上，一位老鞋匠把自己补鞋的本领，全部传给了三个年轻人。在老鞋匠的悉心教导下，三个年轻人很快就掌握了补鞋的本领。

当他们学艺已精，准备去闯荡时，老鞋匠只嘱咐了一句："千万记住，补鞋底只能用四颗钉子。"三个年轻人似懂非懂地点了点头，踏上了旅途。

不久，三个年轻人来到了一座大城市各自安家落户。从此，这座城市就有了三个年轻的鞋匠。同一行业必然有竞争。但由于三个年轻人的技艺都不相上下，日子也就风平浪静地过着。

过了一段时间，第一个鞋匠发现：每次用四颗钉子总不能使鞋底完全修复。为此，他常常对老鞋匠那句

话感到苦恼，整天冥思苦想，可怎么也想不到解决的办法。终于，他不能解脱烦恼，只好扛着锄头回家种田去了。

第二个鞋匠发现：用四颗钉子修补好后，坏鞋的人总要来第二次才能修好，结果来修鞋的人总要付出双倍的钱。为此，他常常沾沾自喜，自认为懂得了老鞋匠那一句话的真谛。

第三个鞋匠同样也发现了这个秘密，不过，他仔细思考后发现：只要多钉一颗钉子，就能一次把鞋补好。于是，他决定加上那一颗钉子，他认为这样能节省顾客的时间和金钱，更重要的是他自己也会安心。

又过了一段时间，人们渐渐发现了两个鞋匠的不同。

于是，第二个鞋匠的铺面越来越冷清，而去第三个鞋匠那里补鞋的人越来越多。最终，第二个鞋匠铺也关门了。

就这样，日子一天一天过去了，第三个鞋匠依然和从前一样兢兢业业地为这个城市的居民服务。渐渐地，他开始懂得了老鞋匠那句嘱咐的含义："要学会创新，不要有贪念，否则必会被社会淘汰。"

当鞋匠年老的时候，也把自己补鞋的本领，全部传给了几个年轻人。当他们学艺将成时，鞋匠同样也向他们嘱咐了那句话："千万记住，补鞋底只能用四颗钉子。"

哈佛IQ一点通

我国有句俗话："师傅领进门，修行在个人。"意思就是说，老师只是起一个带路的作用，而最终的结果要靠自身的学习和领悟。这个故事告诉我们：凡是成功者往往都是善于学习和创新的有心人。因此，我们在学习的时候，要结合实际勇于创新，不要只是一味地继承而没有自己的感悟、总结和提升。

☆ 名师谈写作 ☆

重点的地方不妨强调一下→

在这则故事中，一再出现一句话："千万记住，补鞋底只能用四颗钉子。"这句话不仅影响了三个鞋匠的工作，在最后被三师傅传承给徒弟，并且还透露了它深层含义，便是本则故事的主旨："结合实际敢于创新。"由此可见，利用反复这种修辞方式，可以突出主题，强调感情，分清层次。

PART VII

将脑袋打开一毫米

注意力是心灵的天窗，让智慧的阳光撒满你的心田。

站在炮管下的士兵

司空见惯的事未必合理

20世纪20年代，美国一位年轻有为的炮兵军官上任后，到下属部队参观炮团演习。

演习完毕后，这位军官发现了一个令其费解的现象：在每门火炮的操练过程中，一个炮兵班的11名士兵把大炮安装好，每个人各就各位后，总有一名士兵自始至终站在炮管下面，纹丝不动，直到整个演习结束，这个人也不做任何事情。

他感到非常奇怪，就叫来班长询问："这名士兵站在那里没做任何动作，也没什么事情，他是干什么的？"

班长一愣，说："教材里就是这么编写的，一个炮班11个人，其中一个人站在这个地方。至于为何规定要有一个人站在炮管旁，什么也不干，教材没有说明，我们也不知道为什么。”

这位军官回去后，反复查阅了很多军事文献，终于发现了这名士兵的由来。

原来，早期的大炮是用马拉的，炮车到了战场上，大炮一响，马就会被吓得跑掉，于是，一名士兵就负责站在炮筒下，拉住马的缰绳，不让它跑掉，以免影响大炮的射击精度；同时，大炮发射后产生后坐力，大炮会发生移动，于是，这名士兵的另一个任务就是在大炮发射后快速把大炮拉回原位，以减少再次瞄准的时间。

到了现代战争，大炮的自动化和机械化水平很高，已经实现了机械化运输，不再用马拉，因此，也就不再需要一名士兵站在炮管下面了。但是，部队使用的教材没有及时修订，因此，那名站在炮管下面的士兵也没有

被减掉，仍旧站在那里。

于是，这位军官建议裁掉这名站在炮管下面的士兵。

由于这位军官发现并减掉了这名站在炮管下面“不拉马的士兵”，大大提高了管理效率，减少了人员浪费，因此获得了美国国防部的嘉奖。

哈佛IQ一点通

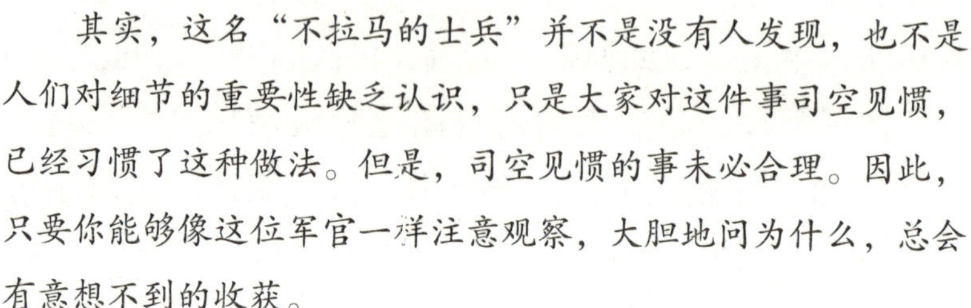

其实，这名“不拉马的士兵”并不是没有人发现，也不是人们对细节的重要性缺乏认识，只是大家对这件事司空见惯，已经习惯了这种做法。但是，司空见惯的事未必合理。因此，只要你能够像这位军官一样注意观察，大胆地问为什么，总会有意想不到的收获。

☆ 名师谈写作 ☆

设定一个“瘦瘦”的开头→

开头和结尾虽不是文章的重点，但是对构成文章整体结构、表达思想内容是必不可少的部分。如果每次写作文都为了开头绞尽脑汁，不如让我们尝试设置一个精炼的开头，言简意赅地交代清楚时间、地点、人物、事件。例如本文的开头，这样既能迅速而简练地导入文章的中心内容，又可以吸引大家顺着开头的引子读下去。

获胜的球队

把注意力集中在目标上

在1993年“超级杯”橄榄球比赛前，道格拉斯牛仔队的教练吉米·约翰逊告诉他的队员们：“不要被观众、媒体，或失败的可能性所干扰，而是要集中精力去打比赛，就像是平时训练一样。”

接着，约翰逊又解释说：“如果我在房间里放一个宽四寸厚两寸的木板，每个人都能从上面走过去。但是，如果这个木板是架在两栋10层高的楼之间，那么只有很少一部分人能从上面稳稳当当地走过去而不掉下来，因为他们老想着别掉下来。所以，你们一定要明白：集中注意力才是取胜的关键，注意力更加集中的球队就是今天比赛的赢家。”

在约翰逊的激励下，牛仔队的队员们集中精力去打这场比赛，观众、媒体、失败在他们眼中都不复存在，他们轻松得就像平时训练一样。

最终，牛仔队以52比17赢得了这场比赛。

当有记者问到取得胜利的经验时，约翰逊只说了一句话：“把注意力集中在目标上。”

哈佛IQ一点通

这个故事的寓意相当深刻。生活中有很多人之所以一事无成，就是因为他们总是被那些可能出现的坏情况困扰着，没有把注意力集中在目标上，让那些本应该集中在目标上的精力，被恐惧与忧虑分散掉了。所以，如果你能够把注意力集中在目标上，肯定会成为一个成功的人。

☆ 名师谈写作 ☆

真实事例比故事更具说服力→

记叙文中，如果我们找不到可以利用的事例，可以选择编构一个故事，且尽量贴近生活，追求真实自然。如果有真实的事例可以使用，那一定首选真实事例。真实事例往往更具有说服力，更能让大家信服。例如本文中，1993年“超级杯”橄榄球赛绝对比我们某一个小学的高低年级友谊赛更有说服力。

一个马掌钉和一个国家

小疏忽将会引起大问题

这个故事发生在遥远的古代，地点是英国。

当时有两个人特别厉害，分别是理查三世和亨利伯爵。他们决定决一死战，从而决定谁来统治英国。

战斗开始前的一天早上，理查派一个马夫牵着自己最喜欢的战马去钉马掌。

“快点，给这匹战马钉掌！”马夫对铁匠说，“国王要骑着它打头阵呢！”

“哎哟！真不巧！”铁匠说，“前几天给所有的战马都钉了掌，铁片都没有了。现在我得去拿点铁。”

“我等不了了，”马夫不耐烦地喊，“国王的敌人正在前进，我们必须去战场上阻击，手头儿有什么就用什么。”

于是，铁匠弯下腰开始干活。他用一条铁做了四个马掌，把它们锉平、整形，固定在马蹄上。然后，他开始钉钉子，钉了三个掌以后，他发现没有钉子钉第四个了。

“我缺几颗钉子，”铁匠说，“得需要一点时间砸钉子。”

“我告诉你我不能再等了。”马夫急切地说，“我现在已经听见战鼓的声音了，你能不能有什么用什么？”

“我能把马掌钉上，但不能像其他几个那么结实。”

“能挂住吗？”马夫问。

“应该可以，”铁匠回答，“但我不能保证。”

“好吧，就这么做。”马夫喊，“快点，否则理查国王会对我们两个发火。”

两军交锋以后，理查就在军队的重要位置。他勇敢地冲锋陷阵，指挥士兵奋勇杀敌。

“压上去，压上去！”他大喊着，并率领军队冲向敌军。

突然，一只马掌掉了下来，战马跌倒在了地上，理查也被掀翻了下来。理查还没有抓住缰绳，受惊的战马就跳起来跑掉了。

理查没有马骑了，他环顾四周，发现他的军队开始瓦解，士兵们开始掉头忙着逃跑，亨利的部队则一步步包围了上来。

理查在空中挥舞着他的剑，愤怒地大喊道：“马！

一匹马！因为一匹马毁了我的国家！”

不一会儿，亨利的士兵抓住了理查，战斗结束了。

从此以后，一首歌谣开始在英国民间流传了：“少了一个铁钉，掉了一只马掌；掉了一只马掌，倒了一匹战马；倒了一匹战马，败了一场战役；败了一场战役，丢了一个国家。”

所有这一切都是因为少了一个马掌钉。

哈佛IQ一点通

一个小小的马掌钉，多么地微乎其微，多么地不引人注意，然而，就是这样一个小小的马掌钉，影响了一场战争的成败和一个国家的兴亡。它提醒我们：无论学习还是做事，都不要存着侥幸心理，疏忽大意，否则，一点小疏忽将会引起大问题。

☆ 名师谈写作 ☆

在开头或结尾“唱首歌” →

在作文开头恰当地引入歌谣，可以使我们的文章生动起来，引发大家的联想，产生强烈的共鸣。如同本则故事结尾的歌谣，便可以使大家在阅读过程中产生朗朗上口的感觉，既印证了论点，又增添了文章的趣味性。

“懒汉”的土豆哲学

注意生活中的细节

土豆是德国人喜爱的食品。在德国农村，土豆是最主要的农作物。

一到收获的季节，农民们就进入最繁忙的状态，他们不仅要把土豆从地里收回来，而且还要把它运到附近的城里去卖。

这里的农民们都有一个习惯，就是把收获的土豆，按个头大小分为大、中、小三类，这样到城里去卖时，就能卖到个好价钱，比混在一起卖多赚钱。

但是，要把堆成小山一样的土豆分捡开来，却不是一件容易的事，要花费大量劳动力和时间，也影响土豆及时上市。

后来，人们发现一件奇怪的事：汉斯一家从来没有

人专门去分捡土豆，他们总是把土豆直接装进麻袋，运到城里去卖，而且价格卖得也不错。

这是怎么回事呢？

原来，汉斯在向城里送土豆时，没让汽车走平坦的公路，而是选择了一条颠簸不平的山路。

经过10英里的颠簸，小的土豆就自然落到麻袋的最底部，大的则留在了上面。这样，汉斯在卖土豆时，就可以按大小分类，一样卖得好价格。

聪明的汉斯不仅节省了劳力，还赢得了宝贵的时间，因此，他的土豆总能比别人早一些上市，自然他的钱越赚越多了。

「哈佛IQ一点通」

注意细节的能力，是反映一个人智商水平的表现之一。如果我们能够从细节中产生灵感，就可以给生活带来许多便利。

☆ 名师谈写作 ☆

好记性不如烂笔头 →

在平日的生活里，我们不妨准备一个小本、一支笔在身上，把身边引起我们注意的人、事、物都记录下来，再运用到我们的写作中。

将脑袋打开一毫米

留心细节，抓住机遇

美国有一家生产牙膏的公司，产品优良，包裹精美，深受广大消费者的喜爱，每年营业额蒸蒸日上。

该公司前10年每年的营业增长率为10~20%，这令公司董事会十分高兴。可是，从第11年开始，公司的业绩开始停滞下来，并呈现出下降的趋势。

公司董事会非常着急，于是就召集了各个部门的经理开会，商讨对策。

会议进行了很久，谁也没有想出解决问题的办法。

这时，一名年轻的经理站起来，对董事会说：“我有一个建议，可以使公司的营业额增加。不过，您要使用我的建议的话，必须另付我5万元！”

总裁听了很生气，说：“我每个月都支付你薪水，

另外还有分红和奖励。现在叫你开会讨论问题，你竟然还要另外要求5万元。太过分了吧？”

年轻的经理笑着解释说：“总裁先生，请别误会。如果我的建议行不通，您可以将它丢弃，一分钱也不必付。”

总裁看了这位经理写的建议后，立刻给他签了一张5万元的支票。

原来，这位经理的建议是：将牙膏开口扩大1毫米。

总裁马上下令更换新的包装。

试想：每天早上，每个消费者多用1毫米的牙膏，每天牙膏的消费量将多出多少呢？

这个决定，使该公司当年的营业额增加了32%。

哈佛IQ一点通

留心细节，抓住机遇。一个小小的改变，往往会引起意想不到的效果。尤其当我们面对新知识、新事物或新创意时，注意观察每一个细节，也许就能看见新天地。这位年轻的经理之所以获得总裁的嘉奖，就是因为他善于利用自己的注意力，发现了隐藏在细小事物中的机遇。

☆ 名师谈写作 ☆

使用短句好处多→

用短句代替长句，让我们的作文多一些结构简单、词语较少的句子，这样可以让我们的文章显得轻盈，不繁复。例如本文的开头写道："美国有一家生产牙膏的公司，产品优良，包裹精美，深受广大消费者的喜爱，每年营业额蒸蒸日上。"短句代替长句，既可以交代很多内容，又不至于让大家产生歧义。

晒太阳的小花猫

学会注意细节之处

故事发生在第一次世界大战期间。当时，法国和德国正在交战，法军在前沿阵地设了一个地下指挥部。

这个指挥部设在一处极其隐蔽的地方，外面伪装得十分严密，并且指挥部的人员深居简出，因此，这个指挥部十分隐蔽，很难被发现。

但不幸的是，这个隐蔽的指挥部最后还是被德军发现了，并遭到了德军炮火的猛烈轰击，造成指挥部的所有人员全部阵亡。

这是为什么呢?

原来，他们只注意了人员的隐蔽，而忽略了长官养的一只小花猫。这只小花猫每天早上八九点钟都要去指挥部后面的一座土包上晒太阳。

这一情况被对面德军阵地上的侦察员发现了。于是，他做出了如下判断：

1. 这只猫不是野猫，野猫白天不出来，更不可能在炮火隆隆的阵地上出没；

2. 猫的栖身处就在土包附近，很可能是一个地下指挥部，因为周围没有人家；

3. 根据仔细观察，这只猫是相当名贵的波斯品种，在打仗时还有条件玩这种猫的决不会是普通的下级军官，所以，猫的主人有可能是一位高级将领。

根据以上几点推断，这个德军侦察员断定：那个掩蔽的地方一定是法军的高级指挥所。于是，他马上向上级报告了自己的发现。

随后，德军集中6个炮兵营的火力，对那里实施了猛

烈的炮火袭击。

事后查明，这个德军侦察员的判断是完全正确的。

哈佛IQ一点通

敏锐的观察力和稳定的注意力是一个人可贵的能力。成功者往往具有很好的注意力和观察力，善于抓住“意外”和“偶然”，相反，失败者往往是因为一个不起眼的细节没注意，最终导致了难以想象的后果。试想，如果这个德军侦察员不能够集中注意力，那么他就很难发现那只“晒太阳的小花猫”，相反，如果法军能够注意到小花猫带来的隐患，就不会遭遇灭顶之灾。因此，无论做什么事，都要学会注意细节之处，从细小处着手，从而防微杜渐，避免麻痹大意。

☆ 名师谈写作 ☆

用第三人称讲故事→

让我们的作文里多一些“他”、“她”、“它”、“他们”的故事。例如本则故事是一个发生在一战期间的故事，我们不可能经历的年代。采用第三人称，可以不受时间和空间的限制，有比较广阔的活动范围，我们就可以在这当中选择最典型的事例展开情节。

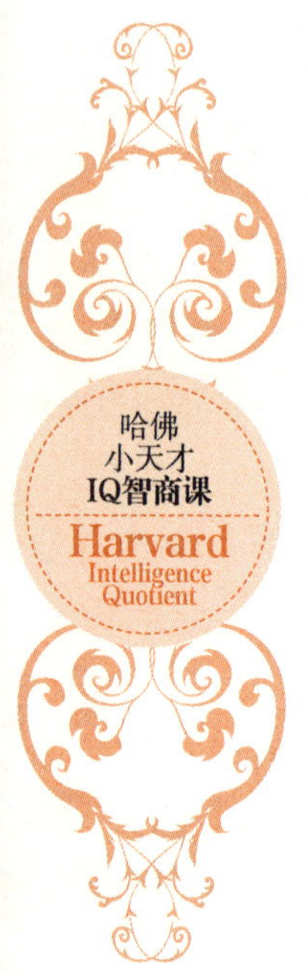

坠毁的宇宙飞船

优秀体现在细微之处

1967年8月23日，苏联的联盟一号宇宙飞船在返回大气层时，突然发生了恶性事故——减速时降落伞无法打开。

苏联中央领导研究后决定：向全国实况直播这次事故。

当电视台的播音员用沉重的语调宣布，宇宙飞船两个小时后将坠毁，观众将目睹宇航员弗拉迪米·科马洛夫殉难的消息后，举国上下顿时被震撼了，人们沉浸在巨大的悲痛之中。

在电视台上，观众看到了宇航员科马洛夫镇定自若的形象，他面带微笑地对母亲说：“妈妈，您的图像我在这里看得清清楚楚，包括您头上的每根白发，您能看

清我吗？”

“能，能看清楚。儿子啊，妈妈一切都很好，你放心吧！”

这时，科马洛夫的女儿也出现在电视屏幕上，她只有12岁。

科马洛夫说：“女儿，你不要哭。”

“我不哭……”女儿已泣不成声，但她强忍悲痛说，“爸爸，您是苏联英雄，我想告诉您，英雄的女儿会像英雄那样生活的！”

科马洛夫叮嘱女儿说：“学习时，要认真对待每一个小数点。联盟一号今天发生的一切，就是因为地面检查时忽略了一个小数点……”

时间一分一秒地过去，距离宇宙飞船坠毁只有7分钟了，科马洛夫向全国的电视观众挥挥手说：“同胞们，

请允许我在这茫茫的太空中与你们告别。”

这是一次惊心动魄的告别仪式。科马洛夫永远地走了，他留下了对亲人、对祖国永恒的爱。但更震撼人心的是他对女儿说的那番话。它警示人们：对待人生不能有丝毫的马虎，否则，即使是一个细枝末节，也会让你付出深重的甚至是永远无法弥补的代价。

哈佛IQ一点通

优秀常常体现在细微之处，相反，魔鬼往往也藏在细节之间。就是这样一个小数点的错误，导致了永远无法弥补的悲剧。因此，我们要时刻熟记“失之毫厘，谬以千里”的警言，无论做什么事情，都要注意留心细节之处，尽量不要犯一些简单而低级的错误。

☆名师谈写作☆

不妨在结尾提炼一下主题→

一篇文章写到最后，往往要对主题提炼、升华。例如本文中，科马洛夫对母亲、女儿的叮嘱，在故事结尾处升华到人生不能有丝毫马虎的高度，这就是对主题的提炼，使文章更有意义。

PART VIII

养在瓶子里的鹅

想象和创新能力是思维的双翼，让你在智慧的天空翱翔。

藏在苹果里的星星

从多方位去考虑事情

一天，梅西刚回到家中，女儿詹妮就高兴地大声叫着：“爸爸！爸爸！我要给你讲一个幼儿园里发生的故事。”

梅西心想：“这可能是老师又讲了什么童话故事了。”于是，就随口说：“好的。”

詹妮神秘地说：“爸爸，你知道吗，苹果里有一颗星星！”

“是吗？苹果里怎么会有星星呢？”梅西轻描淡写地回答道。他想，这不过是孩子的想象力罢了。

“爸爸，是真的！苹果里真的有一颗星星！”詹妮认真地说。“你是不是不相信？我可以把苹果里的星星找出来给你看。”

这时，梅西非常好奇，很想知道詹妮是如何找出苹

果里这颗星星的。

詹妮拿出一把小刀，又从冰箱里取出一个苹果，说："爸爸，你看，星星就在这里。"

詹妮把苹果横放在桌面上，举刀正要切，梅西大声叫住她："切错了！不能这样切。"

我们一贯的"正确"的切法，是从苹果的顶部切到底部，而詹妮是把苹果横放着，拦腰切下去。

于是，梅西把苹果重新竖立在桌上，告诉詹妮："切苹果要从上往下切才对。"

詹妮又将苹果横着放下，说："爸爸，你看我的。"然后，朝着中间一刀切下去，苹果顿时被分成了头尾两半，而苹果中的五粒种子，恰好整齐地在断面上构成了一颗星星。

詹妮把切开的苹果伸到梅西面前："爸爸，你看，里面是不是有一颗星星？"

梅西很惊讶，他从来不知道苹果里还藏有一颗星星，直到今天才发现苹果里面真的有那么漂亮的一颗星星。因为，他从来没有对苹果采取过另一种切法。

哈佛IQ一点通

创新是人类发展进步的永恒话题。其实，创新并不神秘，偶尔的打破常规，不经意的新发现，就是创新。一个苹果，从不同的角度切，就出现了不同的图案，同样，一件事从不同的角度考虑，就会有不同的结果。所以，我们不妨从多方位去考虑事情，这样往往会有意想不到的收获。

☆ 名师谈写作 ☆

享受亲情→

有关亲情的作文在我们中小学作文里比较常见，那么，如何才能写好有关亲情的作文呢？关键是写出人情味。下面分享一个典型的表达思路：首先，选择一两件有代表性的事件，采用欲扬先抑的手法展开描述，然后，在结尾处解开误解或矛盾。不过，要注意一点，不要无病呻吟，不要矫揉造作。

从裙子到瓶子

学会运用类比联想

有个名叫罗特的美国年轻人，在一家制瓶厂工作，平时非常喜欢研究各种各样的瓶子。

罗特有一位女友，非常漂亮，而且爱好打扮。次，她与罗特约会时，穿了一套很有吸引力的裙子。

这条裙子的腰部较窄，线条非常优美，还稍微带一点扭曲的条纹。

路上，行人们频频回头欣赏这条漂亮的裙子。

后来，罗特也注意起了这条裙子，他越看越觉得裙子的条纹异常优美。

于是，他联想到："如果把瓶子制成这条裙子的形状，可能会很有意思。"

想到这里，罗特马上转过身往制瓶厂跑去，连一声

“再见”也没有跟女友说。

女友感到十分奇怪，很生气地独自回家去了。

回到制瓶厂的实验室里，罗特就开始在图纸上画了起来。经过不断地实验，他在瓶子上面也加上了裙子那种扭曲的条纹。

罗特设计出来的这种细腰玻璃瓶，不仅美观别致，拿在手里不容易滑落，而且瓶子里面装的东西看起来比实际分量还多。

于是，罗特立即申请了专利。

恰好，美国的可口可乐此时正受到百事可乐的冲击，销售量一直徘徊不前。而罗特设计的这种细腰玻璃瓶，由于款式新颖独特，一下子就被可口可乐公司看中

了，并以600万美元的高价收买了这项专利权。

这种曲线型的可口可乐新包装一上市，立即获得了消费者的青睐，使可口可乐销量大增，公司赚到的钱远远超出了600万美元。

哈佛IQ一点通

罗特通过对裙子和瓶子进行比较，联想到“把瓶子制成这条裙子的形状”，并最终成功地设计出了新型的细腰玻璃瓶。这就是类比联想。类比联想是一种重要的思维方式，它在学习和生活中有着广泛的应用。因此，我们要学会运用类比联想，从而达到触类旁通地解决问题的目的。

☆ 名师谈写作 ☆

回眸一笑百媚生，六宫粉黛无颜色 →

本文中对罗特女朋友的裙子的描绘：“腰部较窄，线条非常优美，还稍微带一点扭曲的条纹。”是后文罗特产生灵感的重要启发因素。借此：我们来积累一些常见的描绘女性美丽的辞藻：以云霞为裙，明月为披肩——借指仙女或美女；蛾眉曼睩、皓齿明眸——形容女子容貌之美；空谷幽兰、清丽脱俗——形容女子气质脱俗，清新淡雅。

一张流泪的讨债单

做与众不同的自己

查尔斯在一家公司做会计，公司的贸易业务很忙，节奏也很紧张，往往是上午对方的货刚发出来，中午账单就传真过来了，随后就是快寄过来的发票、运单等。

查尔斯的桌子上总是堆满了各种讨债单。

讨债单太多了，都是千篇一律的要钱，查尔斯常常不知该先付谁的好。

公司经理也一样，总是大概看一眼，就扔在桌上，说：“你看着办吧。”

但是，有一次他马上说：“付给他。”而且这是仅有的一次。

那是一张从国外传真过来的账单。上面除了列明货物的价格、金额外，账单大面积的空白处写着一个大大

的“SOS”，旁边还画了一个头像，正在滴着眼泪，简单的线条，十分生动。

这张不同寻常的账单，一下子引起了查尔斯的注意，也引起了经理的重视。

于是，经理看了之后，对查尔斯说：“人家都流泪了，以最快的方式付给他吧。”

其实，经理和查尔斯都明白，这个讨债人未必在真的流泪，但是，他却以最快的速度一下子讨回了大额货款。

就是因为他多用了一点心思，把简单的“给我钱”换成了一个富含人情味的小幽默。仅此一点，就从千篇一律的讨债单中脱颖而出。

「哈佛IQ一点通」

生活就是这样，人们通常喜欢关注那些与众不同的事物，而那些千篇一律的事物则很容易让人乏味。其实，一点小小的改进，一种新的方式，往往就会给自己带来好运气。因此，要想让自己脱颖而出，就要做与众不同的自己。

☆名师谈写作☆

用过渡句重启新段落→

为了使我们的作文通顺、连贯，句子与句子、段落与段落之间过渡自然，我们常常会使用过渡句。例如本文中第一、二、三段，前一部分：查尔斯是会计，且公司业务繁忙，有很多账单寄给他。第二部分：账单太多，他不知道先付给谁好。中间的过渡句：“查尔斯的桌子上总是堆满了各种讨债单。”由此可见，巧妙地利用过渡句，既可以承上启下，又能增加文章的逻辑性。

旧金山的金门大桥

学会突破惯性思维

4+4等于8，6+2也等于8，但有人却奇迹般地让6+2大于了4+4，这是为什么呢？

事情还要从美国旧金山的金门大桥说起。

金门大桥横跨美国的金门海峡，连接北加利福尼亚与旧金山半岛，大桥建成通车后，大大节省了两地往来的时间，但是，新问题随之也出现：由于出行车辆多，金门大桥总会堵车。

原来，金门大桥的车道设计的是“4+4”的8车道模式，即往返车道都为4道，这是非常传统的设计。但由于在上下班的不同时段，出现了来往车流分布不均匀的现象：上午市民上班造成左边车道拥挤，下午市民下班造成右边车道拥挤。所以，桥上经常发生堵车问题。

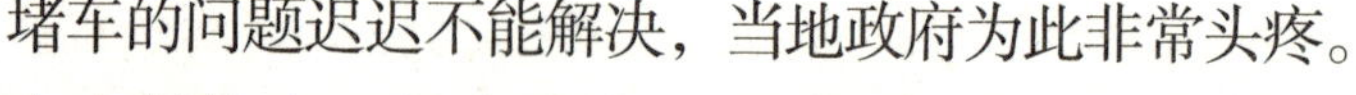

堵车的问题迟迟不能解决，当地政府为此非常头疼。

有人提议在金门大桥旁边再建第二座金门大桥，可是，那得耗资上亿美金。于是，当地政府决定，以1000万美元作为奖金，向社会征集解决方案。

一位年轻人得知这个消息后，胸有成竹地向当地政府说："这个问题很好解决，不用再建大桥也能很好地解决桥上堵车问题。在桥面不增宽的情况下，可以在有限的8车道上做文章，完全可以让'8'大于'8'。"

原来，他的解决方案是：将原来的"4+4"车道模式改成"6+2"车道模式，上午左边车道为6道，右边车道为2道，下午则相反，右边为6道，左边为2道。也就是说，在上班或下班这个特殊的时段，车流拥挤的一边，扩展为6车道，而另一边则缩减为2车道。

这种"6+2"车道模式恰到好处地利用车辆出行的时间差，合理地利用另一半车辆少的车道，这样，同样是8条车道，6+2明显取得了大于4+4的效果！

当地政府采用年轻人的方案试行之后，立即取得了显著的效果，从此，大桥堵车的问题迎刃而解。

哈佛IQ一点通

相同的资源，不同的调配方式，带来的是截然不同的两种结果，这就是合理配置利用资源的神奇效果。无论什么时候，

运用智慧都是一件好事。僵化地思考问题，自然只能维持现状，无法真正解决问题。只有转变自己的思维方式，学会突破惯性思维，从其他角度来思考问题，才能够准确地找出问题的症结，出奇制胜。

☆ 名师谈写作 ☆

让数学公式来点缀作文 →

千篇一律的文字会让大家倦怠，不如尝试着在我们的作文中引入新花样。例如本文开头写道："4+4等于8，6+2也等于8，但有人却奇迹般地让6+2大于了4+4，这是为什么呢？"再比如：美国伟大的科学家爱因斯坦说过这样一个公式——w=x+y+z。许多人不解地问他这是什么意思，爱因斯坦说："w代表成功，x代表勤奋，y代表方法，z代表不浪费时间，少说空话。"

养在瓶子里的鹅

学会质疑，不要盲从

有一次，瑞恩老师给学生们出了一个很奇怪的问题，题目是这样设计的：

“有一只鹅，在很小的时候就被主人放到一个大肚长颈的瓶子中养着。鹅的身子窝在瓶子里，脖子刚好能伸到瓶口之外。每天主人都来喂这只鹅。鹅在瓶子里养尊处优，很快就长大了。当鹅的身子膨胀到不能由瓶口拿出来的时候，在既不损坏瓶子又不弄伤鹅的前提下，用什么样的办法可以把鹅与瓶子分开？”

这时，有个学生说：“这个瓶子没有底儿，把鹅从里面抽出来就得了。”

瑞恩老师说：“这个瓶子是有底儿的。”

又有一个学生说：“这是一只充气的塑料鹅，放了

气，就能拽出来了。”

瑞恩老师说：“这不是一只充气的塑料鹅，而是一只真鹅，能吃能喝能叫唤的活生生的鹅。”

接着，一个学生又说：“瓶口有机关吧？鹅的身子出来时瓶口就能被撑大。”

瑞恩老师说：“瓶口绝对小于鹅的身子，并且，瓶口没有安装松紧带，不可以被撑大。”

于是，学生们都缄口了。

过了一会儿，瑞恩老师说：“你们有谁见过或听说过用这样的方式养鹅的呢？”

于是，有的学生摇摇头，表示没有见过或听说过。

其中，有个学生小声说：“是啊，好好的一只鹅，干吗把它塞进瓶子里去养呀？”

瑞恩老师说：“问得好！其实，这个问题本身就是虚假的，换句话说，这个问题没有任何价值！因为虚假，所以没有价值，更不值得我们为之苦苦寻求答案。”

瑞恩老师看了一眼自己的学生们，接着，他解释说：“面对这样一个瓶子里养鹅的假问题，如果大家不去质疑问题本身，却只管闷着头去讨论‘解决方案’，这岂不是一件很荒唐的事情？我之所以讲这个故事，就是想告诉大家：以后，我们一定要提防类似‘瓶子养鹅’这样毫无意义的问题，要大胆地质疑，清醒地反思，别让不是问题的问题羁绊住我们的手脚。”

「哈佛IQ一点通」

思维往往是从问题开始的。善于发现问题，敢于质疑问题，是思考和探索过程中非常重要的一个环节，而循规蹈矩的思维方式，往往很难有所成就。爱因斯坦也曾说：“提出问题往往比解决问题更重要。”因此，当我们遇到问题时，要善于思考，学会质疑，不要盲从，更不要习惯于按照固定的思维模式去想问题。

☆名师谈写作☆

同一个意思换个说法→

翻翻我们手边的大字典，就知道我们中国的文化有多么深厚了。常见词汇运用频繁，往往缺乏新意；高级词汇词义深奥，但可以给文章带来与众不同的效果。因此，如果我们能准确地将常见的词汇替换为高级的词汇，一定可以增色我们的文章。例如本文中，“学生们都缄口了”代替了“学生们都沉默了”，“别让不是问题的问题羁绊住我们的手脚”代替了“别让不是问题的问题束缚住我们的手脚”等，都为文章增色不少。

买白鼠的账单

善于适时地另辟蹊径

一次，建筑公司的经理利维收到一份购买两只小白鼠的账单，原来这两只老鼠是他的部下布朗买的。他觉得非常奇怪，不知道布朗为什么要买两只小白鼠。

于是，利维把布朗叫到了办公室里，问："你买的两只小白鼠是做什么用的？"

布朗回答道："上星期我们公司去修的那所房子，要安装新电线。我们要把电线穿过一根10米长，但直径只有2.5厘米的管道。而且管道是砌在砖墙里弯了4个弯。我们当中谁也想不出怎么让电线穿过去，最后我想了一个办法。"

利维还是没弄明白，小白鼠与这次工作有什么关系，就好奇地问："这跟你买的两只小白鼠有什么关系呢？"

布朗接着说："我到一个商店买来两只小白鼠，一公一母。然后，我把一根线绑在公鼠上并把它放到管子的一端。另一名工作人员则把那只母鼠放在管子的另一端，逗它吱吱叫。公鼠听到母鼠的叫声，便沿着管子跑去救它。公鼠沿着管子跑，身后的那根线也被拖着跑。我把电线拴在线上，公鼠就拉着线和电线跑过了整个管道。"

于是，爱动脑筋的布朗因此得到了公司的嘉奖。

「哈佛IQ一点通」

成功的秘密很简单，就在于开动脑筋去想问题，用智慧去解决问题。因此，学会突破思维定势，善于适时地另辟蹊径，会让我们在学习、工作中提高效率，取得事半功倍的效果。

☆ 名师谈写作 ☆

作文不能变成流水账→

在清楚了作文五要素（时间、地点、人物、事件、原因或结果）之后，怎么样才能将作文写得精彩呢？最重要的还是对事件的讲述，能达到情景再现，将大家带到画面当中，让大家感同身受才算成功。例如本文中，小公鼠着急营救小母鼠的部分，写得活灵活现，引人入胜。

靠近鱼雷的军舰

让思维稍微转个弯

第二次世界大战期间，一艘美国驱逐舰停泊在某国的港湾里。那天晚上万里无云，明月高照，一片宁静。

一名士兵对全舰进行例行巡视，他走着走着，突然停步不动了，因为他看到一个乌黑的大东西在前面不远的水面上浮动着。

他认真地观察了一会儿，才惊骇地发现，那是一枚触发水雷，可能是从一个雷区脱离出来的，正随着退潮慢慢向驱逐舰这边漂来。

看到这一情景，那名士兵吓出了一身冷汗，他赶忙抓起舰内通讯电话机，通知了值日官。听到这个消息，值日官马上快步跑来。他们很快通知了舰长，并且发出了全舰戒备信号，全舰立刻动员起来。

官兵们都惊愕地注视着那枚渐渐靠近的水雷，大家都知道，灾难即将来临。全舰军官迅速研究对策，设法避开危险。

他们提出了各种办法：赶快起锚走吗？不行，因为没有足够的时间。发动引擎使水雷漂离开？也不行，因为螺旋桨转动只会使水雷更快地漂近舰身。用枪炮引爆水雷？更不行，因为那枚水雷太接近舰内的弹药库。放下一只小艇，用一只长竿把水雷携走？这种方法也不可行，因为那是一枚触发水雷，同时也没有时间去弄掉水雷的雷管。

眼看水雷越漂越近，一触即发，悲剧似乎没有办法避免了，众人束手无策。到底该怎么办呢？

突然，一个名叫弗雷泽的士兵大声喊道："把消防水管拿来。"

就这一声喊，仿佛醍醐灌顶，让每个人的眼睛突然一亮，大家明白这个办法确实有道理，而且简单可行。他们迅即拿来水管，向舰艇和水雷之间的海上喷水，制造出一条水流，把水雷带向远方，然后用舰炮引爆了它。

一场看似不可避免的灾难转瞬间被化解了，用的方法却异常简单，又有些出人意料。

哈佛IQ一点通

其实，生活中的很多问题，都被我们复杂化了，我们总习

惯于“透过现象看本质”，往深处、远处去思考，而事实上，很多事情看起来很复杂，而解决的方法却非常简单，复杂只不过是迷惑我们的假象，只要我们让思维稍微转个弯，让思路稍微变个道，往往就能使问题迎刃而解。

☆ 名师谈写作 ☆

重视作文中的环境描写 →

作文中的故事一定是在某一个环境下发生的，到底是一个什么样的环境，在写作文的时候一定要告诉大家。作文中的环境描写，既可以渲染气氛，又可以烘托人物心情。例如，本文开头部分对环境的描写：“那天晚上万里无云，明月高照，一片宁静。”这样的描写生动形象，充满趣味，引发了大家继续阅读的兴趣。